"十四五"职业教育国家规划教材

# 太阳能光伏理化基础

## 第三版

黄建华　向 钠　齐锴亮　主编

化学工业出版社

·北 京·

## 内 容 简 介

本书是"十四五"职业教育国家规划教材，是"十三五"职业教育国家规划教材的修订版。

本书内容主要包括：光资源、原子结构、化学键与分子结构、晶体的基本知识、晶体缺陷、半导体材料性能、光伏电池性能、光伏电池的化学反应、其他新型太阳能电池的理论知识。本次修订增加了第 1～7 章的配套视频资源，扫描二维码即可进行在线学习，丰富了教材内容和学习形式，促进学习者自学能力持续提升。另外，新设知识拓展环节，以二维码形式呈现，可以根据产业发展进行实时更新。此次修订还增设了思政与职业素养目标，引导学习者掌握知识技能的同时，注重道德品质和职业素养的提升，争做德技兼修的复合型技能型人才。

本书可以作为高职高专光伏类专业学生的教材，同时可作为企业员工的岗位培训教材，也可以作为相关专业的工程技术人员参考书。

## 图书在版编目（CIP）数据

太阳能光伏理化基础/黄建华，向钠，齐锴亮主编. —3 版. —北京：化学工业出版社，2022.1（2024.11重印）
"十三五"职业教育国家规划教材
ISBN 978-7-122-40697-2

Ⅰ.①太… Ⅱ.①黄… ②向… ③齐… Ⅲ.①太阳能发电-物理化学-职业教育-教材 Ⅳ.①TM615

中国版本图书馆 CIP 数据核字（2022）第 022939 号

---

责任编辑：葛瑞祎 刘 哲　　　　　　　　　装帧设计：韩 飞
责任校对：边 涛

---

出版发行：化学工业出版社（北京市东城区青年湖南街 13 号　邮政编码 100011）
印　　装：三河市双峰印刷装订有限公司
787mm×1092mm　1/16　印张 12　字数 291 千字　2024 年 11 月北京第 3 版第 5 次印刷

---

购书咨询：010-64518888　　　　　　　　售后服务：010-64518899
网　　址：http://www.cip.com.cn
凡购买本书，如有缺损质量问题，本社销售中心负责调换。

---

定　价：38.00 元　　　　　　　　　　　　　　　　　版权所有　违者必究

中国在第七十五届联合国大会上提出，要加快形成绿色发展方式和生活方式，建设生态文明和美丽地球，提高国家自主贡献力度，采取更加有力的政策和措施，二氧化碳排放力争2030年前达到峰值，力争2060年前实现碳中和。党的二十大报告提出，积极稳妥推进碳达峰碳中和。在碳达峰、碳中和目标指引下，可再生能源产业，包括光伏、风电、储能又一次迎来了新的发展机遇。目前，中国光伏产业已经完全实现了规模化发展，光伏电价已经实现了平价上网。当前，光伏行业发展迅速，技术更新不断加快。在晶体硅太阳电池技术开发方面，"金刚线切片＋黑硅技术"的多晶硅生产线和"PERC技术"的单晶硅生产线齐头并进；在晶硅组件技术开发方面，半片技术、双面技术、叠焊技术更新加快；在薄膜电池领域，碲化镉和钙钛矿薄膜电池发展迅速。总体而言，光伏产业在历经了多年的高速发展后，光伏已经成为中国能源系统不可或缺的组成部分。

光伏产业的可持续发展，人才培养是关键。当前光伏产业的快速发展与人才培养相对落后的矛盾日益凸显，越来越多的光伏企业人力资源紧张。人才培养的基础是教学，而教材对提高教学质量举足轻重。随着新时代新形势下对高等职业教育提出的"三全育人"要求，思政课程与课程思政两者的紧密结合成为当前职业教育的有力抓手，另外，近些年光伏技术发展迅速，因此我们根据教学需求及时对《太阳能光伏理化基础》（第二版）进行了再版。

此次修订主要做了以下几个方面的工作。

（1）增设【思政与职业素养目标】，将每章学习目标分为【知识目标】、【思政与职业素养目标】两大类，引导学习者掌握知识技能的同时，注重道德品质和职业素养的提升，争做德技兼修的复合型技能型人才。

（2）第1～7章增加配套视频资源，扫描二维码即可进行在线学习，丰富了教材内容和学习形式，促进学习者自学能力持续提升。

（3）新设【知识拓展】环节，以二维码形式呈现，可以根据产业发展进行实时更新。希望学习者熟悉基础研究和中国重大科技攻关的价值与意义，进一步了解中国光伏产业对世界新能源产业的贡献，从而增强民族自信心和自豪感，立志科技报国，坚定为中国新能源产业贡献力量的信念。

本书基于光伏电池工艺中所涉及的固体物理、半导体物理、无机化学等理论知识，首先系统阐述了中国太阳能光资源的主要分布情况；其次从原子结构、化学键和分子结构讲述了波尔理论、离子键、共价键、金属键等跟硅材料相关的物理知识，从晶体特性和晶体缺陷方面详细讲解了晶体相关知识，从半导体PN结特性阐述了光伏电池的关键结构；再次讲述了光伏产业链各个环节发生的化学反应以及光伏电池发电的基本原理；最后对其他新型太阳电池的结构及工作原理进行了系统性的介绍。本书可以作为高职高专光伏类专业学生的教材，同时可作为企业员工的岗位培训教材，也可以作为相关专业的工程技术人员参考书。

本书由黄建华、向钠、齐锴亮任主编。全书由黄建华拟定提纲，黄建华与齐锴亮统稿。

第 1 章由陕西工业职业技术学院齐锴亮编写，第 2、第 3 章由南昌大学材料科学与工程学院陈楠编写，第 4 章由济南工程职业技术学院张培明编写，第 5 章由湖南理工职业技术学院曾礼丽编写，第 6 章由衢州职业技术学院廖东进编写，第 7 章由湖南理工职业技术学院黄建华编写，第 8、第 9 章由湖南理工职业技术学院向钠编写。第 1~5 章的【知识拓展】由湖南理工职业技术学院段文杰编写，第 6~9 章的【知识拓展】由廖东进编写。视频资源由湖南理工职业技术学院段文杰、黄建华、向钠、曾礼丽、郭清华 5 人制作。全书由杭州瑞亚教育科技有限公司教学研究院院长桑宁如主审。

在此感谢浙江瑞亚能源科技有限公司董事长易潮对本书提出的宝贵建议，感谢杭州瑞亚教育科技有限公司对本书再版提供的设备支持和技术支持，希望捧卷的各位读者能够在本书中收获新的知识！

教材的开发是一个循序渐进的过程，限于编者水平有限，经验不足，在编写过程中难免会有疏漏之处，竭诚欢迎广大师生和读者提出宝贵意见，使本书不断改进、不断完善。

编者

2022 年 1 月

# 第 1 章　光资源

# 第 2 章　原子结构

# 第 3 章　化学键与分子结构

# 第4章 晶体的基本知识

# 第5章 晶体缺陷

# 第6章 半导体材料性能

## 第7章　光伏电池性能

## 第8章　光伏电池的化学反应

# 第 9 章 其他新型太阳电池的理论知识

# 第1章

# 光　资　源

 **知识目标**

① 了解光与光谱的本质。
② 熟悉常见光谱的波长及频率范围。
③ 掌握太阳能光谱分布特点。
④ 理解描述太阳辐射的常用概念。
⑤ 掌握我国太阳能资源分布的特点。

太阳能应用简介

 **思政与职业素养目标**

① 培育学生追求真理、严谨治学的求实精神。
② 帮助学生树立生态环保意识，践行绿色低碳理念。
③ 培养学生的专业认同感，树立其专业自信，增强其民族自豪感。

## 1.1　光与光谱

光是一种电磁辐射形式的能源。这种能源是由不同物质的原子结构作用而辐射出来的，并且这种能源在广泛的范围内起着作用。尽管不同形式的电磁辐射在与物质作用时表现出很大的不同性，但它们在传播过程中都拥有相同的特性。

### 1.1.1　光的本质

光与光谱

很久以来，人们对光进行了各种各样的研究。牛顿提出著名的光微粒说，即光是由极小的高速运动微粒组成。微粒说能够很好地解释光在均匀介质中的直线传播以及在两种介质分界面上的反射定律，但在解释折射现象时，会得出与实际情况相反的结果，并且微粒说也不能解释光的干涉、衍射和偏振等现象。1863 年，麦克斯韦预言出电磁波的存在，并推算出电磁波在真空中的传播速度与测量得到的光速极为接近，进一步预言光是一种电磁波，从而诞生了光的电磁理论。但是这一理论无法解释光电效应实验。爱因斯坦于 1905 年提出光量子说来解释该实验。光一方面具有波动性，如干涉、偏振等；另一方面又具有粒子的性质，如光电效应等。这两方面的综合说明光不是单纯的波，也不是单纯的粒子，而是具有波粒二象性的物质。所以我们既可以认为光是一种电磁波，也可以将其看作一种能量。通常所说的"光"，指可见光，有时也包括红外线和紫外线。

## 1.1.2　光波

通常所说的光学区域（或光学频谱）包括红外线、可见光和紫外线。光波的基本参数如表 1-1 所示，其中能为人所感受到的是 $380\sim780nm$ 的窄小范围，对应的频率范围是 $(7.89\sim3.85)\times10^8MHz$。

表 1-1　光波基本参数

| 波谱区名称 | 波长范围 | 波数/$cm^{-1}$ | 频率/MHz |
|---|---|---|---|
| 远紫外线 | $10\sim200nm$ | $10^6\sim5\times10^4$ | $3\times10^{10}\sim1.5\times10^9$ |
| 近紫外线 | $200\sim380nm$ | $5\times10^4\sim2.63\times10^4$ | $1.5\times10^9\sim7.89\times10^8$ |
| 可见光 | $380\sim780nm$ | $2.63\times10^4\sim1.28\times10^4$ | $7.89\times10^8\sim3.85\times10^8$ |
| 近红外线 | $0.78\sim2.5\mu m$ | $1.28\times10^4\sim4\times10^3$ | $3.85\times10^8\sim1.2\times10^8$ |
| 中红外线 | $2.5\sim50\mu m$ | $4000\sim200$ | $1.2\times10^8\sim6.0\times10^6$ |
| 远红外线 | $50\sim1000\mu m$ | $200\sim10$ | $6.0\times10^6\sim1\times10^5$ |

能作用于人的眼睛并引起视觉的称为可见光，如红、橙、黄、绿、蓝、靛、紫各色光，波长在 $380\sim780nm$ 之间。

相比于可见光，波长较长、不能引起视觉的叫红外线，它的波长范围是 $750\sim10^6nm$。所有的物体都辐射红外线，主要作用是热作用。物体温度越高，辐射的红外线越强，辐射的红外线波长越短。

紫外线也是不可见光，其波长在 $10\sim380nm$ 之间，紫外线具有较高能量，能够杀灭多种细菌，可以用紫外线进行消毒。

光在发射、传播和接收方面具有独特的性质。虽然光波在整个电磁波谱中仅占有很窄的波段，但它对人类的生存、生活进程和发展有着巨大的作用和影响。

## 1.1.3　光谱

### （1）光谱的定义

复合光借助于分光元件色散成单色光，按照波长顺序排列成一个谱带，称之为光谱。在电磁波谱中，红外线、可见光和紫外线常称为光学光谱，简称光谱。它是物质中外层电子的跃迁所发射的电磁波。

### （2）光谱的分类

① 按光谱的产生机理分类　按光谱的产生机理分为发射光谱、吸收光谱、散射光谱。发射光谱是指在外能（热能、电能、光能、化学能）作用下，物质的粒子吸收能量被激

发至高能态后，瞬间返回基态或低能态所得到的光谱。吸收光谱则是物质吸收辐射能，由低能级（一般为基态）过渡到高能级（激发态），是入射辐射能减小所得到的光谱。散射光谱是物质对辐射能选择地散射得到的，不仅改变辐射传播方向，而且还能使辐射波长发生变化。

② 按光谱的形状分类　按光谱的形状分为线光谱、带状光谱（光谱带）、连续光谱。

在高温下，物质蒸发出来，形成蒸气云，物质中的原子核离子以气态的形式存在，这时原子间的相互作用力很小，它们接收能量以后，发射谱线完全由单个原子或离子的外层电子轨道能级所决定，它辐射出不连续的明亮线条叫线光谱。由分子受激发振动而产生的明亮光带和暗区组成的光谱叫带状光谱，由许多极细、极密的明亮线组合而成。由灼烧的固体热辐射而产生的从短波到长波的连续光谱背景，叫连续光谱。

③ 按电磁辐射的本质分类　按照电磁辐射的本质划分为原子光谱、分子光谱、X 射线能谱和 γ 射线能谱等。

物质是由各种元素的原子组成的，原子有结构紧密的原子核，核外围绕着不断运动的电子，电子处在一定的能级上，具有一定的能量。一般情况下大多数原子处在最低的能级状态，即基态。基态原子在激发光源的作用下，获得足够的能量，外层电子跃迁到较高能级状态的激发态，这个过程叫激发。当外界供给能量给原子时，原子中处于基态的电子吸收了一定的能量而被激发到离核较远的轨道上去，这时受激发的电子处于不稳定状态，为了达到新的稳定状态，则要在极短的时间内跃迁到离核较近的轨道上去，这时原子内能减少，减少的内能以辐射电磁波的形式释放能量。由于电子的轨道是不连续的，电子跃迁时的能级也是不连续的，因而原子光谱是线状光谱。

分子中电子在不同的状态中运动，同时分子本身由原子核组成的框架也在不停地振动和转动，分子在不同能级之间的跃迁以光吸收或光辐射的形式表现出来，就形成了分子光谱。

## 1.2　太阳光谱能量分布

太阳光谱是指太阳辐射按波长（频率）分布的特征。

太阳辐射是电磁辐射的一种，它是物质的一种形式，既具有波动性，也具有粒子性，在本质上与无线电波没有什么差异，只是波长和频率不同而已。太阳辐射光谱的主要波长范围为 $0.15 \sim 4\mu m$，而地面和大气辐射的主要波长范围则为 $3 \sim 20\mu m$。在气象学中，根据波长的不同，常把太阳辐射叫作短波辐射，而把地面和大气辐射叫作长波辐射。

太阳光谱能量分布

用辐射能量作为纵坐标，辐射波长作为横坐标，所绘制的曲线称为太阳光谱的能量分布曲线。

从图 1-1 可以看出，尽管太阳辐射的波长范围很宽，但绝大部分的能量却集中在 $0.15 \sim 3\mu m$ 之间，占总能量的 99% 以上。其中可见光部分（$0.4 \sim 0.76\mu m$）占太阳辐射总能量约 50%，红外线（$>0.76\mu m$）占约 43%，紫外线（$<0.4\mu m$）占太阳辐射总能量很少，只占约 7%。而能量分布最大值所对应的波长则是 $0.475\mu m$，属于蓝色光。

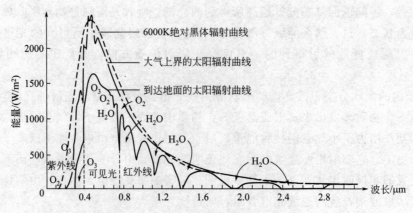

图 1-1　大气上界的太阳辐射能量曲线和到达地球表面的典型能量曲线

## 1.2.1　大气层外的太阳光谱

地球大气以外的太阳辐射光谱，早期都是由地面，主要是高山光谱测量的数据外推得到的。但是一方面大气中空气分子、水蒸气分子、二氧化碳分子以及臭氧分子等对各种不同波长的辐射吸收、散射和反射的情况不同，另一方面大气低层气流、云层变化十分复杂，因此地面测量的数据很难精确。后来，逐渐采用气球、飞机、火箭以及宇宙飞船和人造卫星等先进的手段和更加精密的光谱分析仪器，获得了比较令人满意的结果。

## 1.2.2　到达地面的太阳辐射

以光谱形式发射出的太阳辐射能，通过厚厚的大气层，光谱分布发生了不少变化。太阳光谱中的 X 射线及其他一些超短波辐射线，通过电离层时，会被氧、氮及其他大气成分强烈地吸收；大部分紫外线（波长为 $0.01\sim0.38\mu m$）被臭氧所吸收；至于波长超过 $2.5\mu m$ 的射线，在大气层外的辐射强度本来就很低，再加上大气层中的二氧化碳和水蒸气对它们有强烈的吸收作用，所以到达地面上的能量微乎其微。这样，只有波长为 $0.4\sim0.76\mu m$ 之间的可见光部分，才可能比较完整地到达地面。因此认为，地面上所接收的太阳辐射属于中短波辐射。从地面上利用太阳能的观点来说，只考虑波长为 $0.28\sim2.5\mu m$ 的射线就可以了。

# 1.3　太阳辐射

太阳辐射

太阳辐射能来源于高温高压下进行的热核聚变反应："碳-氮循环""质子-质子循环"。整个过程中，$^{12}C$ 和重氢 2D（氘，氢的同位素）并未消耗，只起催化剂作用，最终结果是 4 个氢核聚变，变成 1 个氦核。

## 1.3.1　太阳基本知识

太阳是距地球最近的一颗恒星，是直径为 $1.39\times10^{6}km$、质量为 $2.2\times10^{30}kg$ 的炽热的等离子球，离地球的平均距离为 $1.496 \times 10^8 \text{km}$。组成太阳的物质大多是些普通的气体，其中氢约占 71%，氦约占 27%，其他元素占 2%。一般认为太阳是处于高温高压下的一个大火球，太阳从中心向外可分为核反应区、辐射层、对流层、太阳大气。太阳的大气层，像地球的大气层一样，可按不同的高度和不同的性质分成各个圈层，即从内向外分为光球、色球和日冕三层。我们平常看到的太阳表面，是太阳大气的最底层（光球层），温度约是 6000℃。太阳结构如图 1-2 所示。

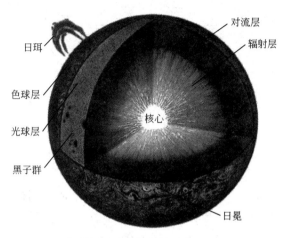

图 1-2　太阳结构示意图

① 太阳核　热核反应区，温度高达数千万度，压强高达数亿个大气压，物质以离子态存在，以对流和辐射的形式向外释放伽马射线。

② 辐射层　温度约 $7 \times 10^5$℃，压强数十万个大气压，对伽马射线吸收、再发射，实现能量传递，是一个漫长的过程。高能伽马射线经过 X 射线、极紫外线、紫外线，逐渐变为可见光和其他形式的辐射。

③ 对流层　温度、压力和密度变化梯度很大，物质处于剧烈上、下对流状态，对流产生的低频声波，可通过光球层传输到太阳的外层大气。

④ 光球层　厚度约为 500km，表面温度接近 6000℃，这是太阳的平均有效温度，光球内温度梯度较大，几乎全部可见光从光球层发射出去，对地球气候和生态影响较大。

⑤ 色球层　光球层以外，厚度 2000km，温度从底层的数千度上升到顶部的数万度。玫瑰红色舌状气体叫日珥，可高于光球几十万公里。

⑥ 日冕　位于色球层外，是伸入太空的银白色日冕，由各种微粒构成：太阳尘埃质点、电离粒子和电子。温度高达 100 多万摄氏度。

## 1.3.2　太阳辐射基本概念

太阳辐射可用以下 6 类参数来表示。

### （1）赤纬角

赤纬角为太阳中心和地心连线与赤道平面的夹角，用符号 $\delta$ 表示，以年为周期变化，并规定以北纬为正值。地球绕太阳公转形成四季，如图 1-3 所示。四季的重要特征有两点：一是气温高低不同，二是昼夜长短各异。四季的形成主要是由赤纬角的变化引起的。由于地球的倾斜角永远保持不变，致使赤纬角随时都在变化。太阳的赤纬角随季节在南纬 $23°27'$ 与北纬 $23°27'$ 之间来回变动，在地理纬度上将南北纬 $23°27'$ 的两条纬线称为南北回归线。

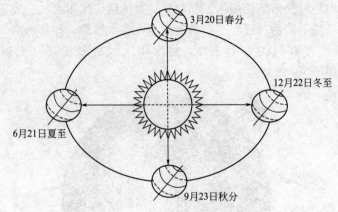

图 1-3 地球绕太阳运行图

### （2）太阳高度角

太阳高度角（$h$，$0°\leqslant h\leqslant 90°$）为太阳光线与地表水平面之间的夹角，随地区、季节和每日时刻的不同而改变，可用下式计算：

$$\sin h = \sin\phi\sin\delta + \cos\phi\cos\delta\cos\omega \tag{1-1}$$

式中，$\phi$ 为观测点纬度；$\delta$ 为赤纬角；$\omega$ 是时角。

$\omega$ 是用角度表示的时间，每 $15°$ 为 1 小时，其中正午时分 $\omega$ 等于零，上午时 $\omega$ 小于零，下午时 $\omega$ 大于零。正午时刻 $h$ 的计算公式如下：

$$h_{正午} = 90° - \phi + \delta \tag{1-2}$$

### （3）太阳方位角

太阳方位角（$\alpha$）为太阳光线在水平面上的投影和当地子午线的夹角：

$$\cos\alpha = \frac{\sin h\ \sin\phi - \sin\delta}{\cos h\ \cos\phi} \tag{1-3}$$

其中，正南方位时 $\alpha$ 等于 0，正南以西时 $\alpha$ 大于 0，正南以东时 $\alpha$ 小于 0。

高度角与方位角如图 1-4 所示。

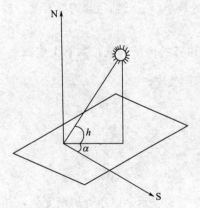

图 1-4 高度角和方位角

### （4）辐照度

辐照度定义为照射到物体表面单位面积上的辐射功率，通常用符号 $E$ 表示，单位为 $W/m^2$。

### （5）太阳常数

由于太阳和地球距离的变化，在地球大气层上垂直于太阳辐射方向的单位面积上接收到的功率在 $132.8\sim141.8mW/cm^2$ 之间。这种辐射的波长约从 $0.1\mu m$ 至几百微米。

为了统一标准，定义在日地平均距离处，垂直于太阳辐射方向的单位面积上接收到的太阳总辐照度为太阳常数，其数值为 $(1367\pm7)$ $W/m^2$。

**（6）大气质量 $m$**

这里所说的大气质量是指大气光学质量，定义为来自天体的光线穿过大气层到达海平面的路径长度与整层大气的垂直距离之比。假定在一个标准大气压和温度 0℃时，海平面上太阳光线垂直入射时大气质量 $m=1$，记为 AM1.0。在地球大气层外接收到的太阳辐射，未受到地球大气层的发射和吸收，称为大气质量为零，以 AM0 表示。大气质量越大，说明光线经过大气层的路程越长，产生的衰减也越多，到达地面的能量也就越少。大气质量的示意图如图 1-5 所示。

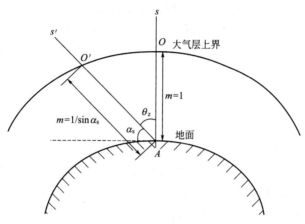

图 1-5　大气质量示意图

地面上的大气质量计算公式为：

$$m = \sec \theta_z = \frac{1}{\sin \alpha_s} \tag{1-4}$$

式中，$\theta_z$ 为太阳天顶角；$\alpha_s$ 为太阳高度角。

## 1.3.3　地面太阳辐射

到达地面的太阳辐射，是经过大气吸收、反射、散射等综合作用的结果，包括直接辐射和漫射辐射两部分。直接辐射是指被地球表面接收到、方向不变的辐射；而漫射辐射是指经大气吸收、散射或经地面反射已改变方向的辐射。漫射辐射包括由太阳辐射经大气吸收、散射后间接到达的天空辐射，以及由地面物体吸收或反射的地面辐射。到达地球水平面上的太阳直接辐射和漫射辐射的总和称为太阳总辐射。

地球表面上接收到的太阳辐射变化很大。地球运行轨道有 ±3％的误差，即地球与太阳的距离随季节的变化会影响地面的太阳辐射。大气的吸收、散射和天空云层的反射与吸收也会影响太阳辐射到达地面的强度。

**（1）大气透明度**

阳光经过大气层时，其强度按指数规律衰减。传输一段距离 $x$ 后的强度 $I_x$ 与阳光入射初始强度满足如下关系。

$$I_x = I_0 \exp(-Kx) \tag{1-5}$$

式中　$I_0$——阳光入射时的初始强度，$W/m^2$；

$K$——比例常数，$m^{-1}$，$K$ 值越大，辐射强度的衰减越迅速，因此，$K$ 值也称消光系数，其值大小与大气成分、云量多少等有关，影响因素比较复杂。

对于到达地面的阳光来说，当太阳位于天顶时，$x = l$。

太阳位于天顶时，到达地面的法向太阳直射辐射强度为 $I_l$，则：

$$\frac{I_l}{I_0} = p = \exp(-Kl) \tag{1-6}$$

式中，$p$ 称为大气透明率或大气透明系数，是衡量大气透明程度的标志。$p$ 值越接近 1，表明大气越清澈，阳光通过大气层时被吸收去的能量越少。但是必须注意到，$p$ 值不是实际存在的一个物理参数，而是一个综合反映大气层厚度、消光系数等难于确定的多种因素对太阳辐射的一个减弱系数，所以不能由实测直接得到，需要根据实测数据统计整理，才能得到某地区某时的大气透明率 $p$ 值。在实际计算中，对于一个月份的晴天来说，可以采用同一个 $p$ 值。

**（2）到达地面的太阳辐射**

太阳辐射通过大气层到达地球表面的过程中，要不断地与大气中的空气分子、水蒸气分子、臭氧分子、二氧化碳分子以及尘埃等相互作用，受到反射、吸收和散射，所以到达地面上的太阳辐射发生了显著的衰减，且其光谱分布也发生了一定的变化。例如，太阳辐射中的 X 射线及其他波长更短的射线，在电离层就被氮、氧及其他大气分子强烈地吸收而不能到达地面；大部分紫外线则被臭氧分子所吸收。至于在可见光范围内的衰减，主要是由于大气分子、水蒸气分子以及尘埃和烟雾的强烈散射所引起的；而近红外范围内的衰减，则主要是水蒸气分子的选择性吸收的结果。波长超过 $2.5\mu m$ 的远红外射线，在大气层上边界处的辐照度已经相当低，再加上二氧化碳分子和水蒸气分子的强烈吸收，所以到达地面上的辐照度微乎其微。

因此，在地面上利用太阳能，主要只需考虑波长在 $0.28 \sim 2.5\mu m$ 范围内的太阳辐射即可。一般来说，太阳辐射中约有 43% 因反射和散射而折回宇宙空间，另有 14% 被大气所吸收，只有 43% 能够到达地面。

# 1.4　全国光资源分布情况

我国光资源分布特点

开发太阳能是我国一项重大的能源政策。了解我国太阳能资源的空间分布特征，分析其变化趋势、变化原因，掌握资源本身特点，对于我国更加合理地利用太阳能、提高太阳能的利用效率以及节能减排等，都具有突出的意义。

气候、地形、天气等各种因素对太阳能都有着直接的影响，太阳能资源有着明显的地区差异和季节特征。统计学家根据地域的不同，依据太阳年辐射量及全年日照时数，将全国太阳能资源分布分为以下六个区域。

① 极度优质地区　全年日照时数为 $3300 \sim 3500h$，年辐射量达 $9250MJ/m^2$。主要包括

西藏西部和青海西部地区。

②　优质地区　　全年日照时数为 3200～3300h，年辐射量在 7550～9250MJ/m² ，相当于 225～285kg 标准煤燃烧所发出的热量。主要包括青藏高原、甘肃北部、宁夏北部和新疆南部等地。

③　良好地区　　全年日照时数为 3000～3200h，辐射量在 5850～7550MJ/m² ，相当于 200～225kg 标准煤燃烧所发出的热量。主要包括河北西北部、山西北部、内蒙古南部、宁夏南部、甘肃中部、青海东部、西藏东南部等地。此区为我国太阳能资源较丰富区。

④　一般地区　　全年日照时数为 2200～3000h，辐射量在 5000～5850MJ/m² ，相当于 170～200kg 标准煤燃烧所发出的热量。主要包括山东、河南、河北东南部、山西南部、新疆北部、吉林、辽宁、云南、陕西北部、甘肃东南部、广东南部、福建南部、江苏中北部和安徽北部等地。

⑤　较贫地区　　全年日照时数为 1400～2200h，辐射量在 4150～5000MJ/m² ，相当于 140～170kg 标准煤燃烧所发出的热量。主要是长江中下游、福建、浙江和广东的一部分地区，春夏多阴雨，秋冬季太阳能资源还可以。

⑥　贫乏地区　　全年日照时数约 1000～1400h，辐射量在 3350～4150MJ/m² ，相当于 115～140kg 标准煤燃烧所发出的热量。主要包括四川、贵州两省。此区是我国太阳能资源最少的地区。

总体看来，我国太阳能资源分布具有以下特点。

①　太阳能的高值中心和低值中心都处在北纬 22°～35° 一带，青藏高原是高值中心，四川盆地是低值中心。

②　太阳年辐射总量，西部地区高于东部地区，而且除西藏和新疆两个自治区外，基本上是南部低于北部。

③　由于南方多数地区云多、雨多，在北纬 30°～40° 地区，太阳能的分布情况与一般的太阳能随纬度而变化的规律相反，太阳能不是随着纬度的升高而减少，而是随着纬度的升高而增多。

从太阳能资源的本身潜力来看，最适合大规模开发利用的地域是西藏西部和青海西部，资源非常丰富，且当地的云少、气稀、气温低等气候环境条件也满足太阳能发电的环境要求。优质地区、良好地区、一般地区具有宽广的分布范围，使其在今后进一步开发太阳能资源方面具有相当大的优势。较贫区与贫乏区主要集中于我国东南部小部、华中北部、四川盆地，虽然面积较广，但太阳能资源各量化因子的数值低，资源本身利用潜力不足，部分地区适合小范围开发，从整体上来说，不适合规模性开发。

## 📚 本章小结

> 　　光与光谱学相关知识是光伏应用技术的基础。本章主要从光的本质、光谱的分类、常见光谱的波长及频率范围入手，系统介绍了太阳光谱的能量分布、太阳辐射基本概念以及我国太阳能资源分布情况。

## 💡 知识拓展

光伏发电的发展历程

📝 学习笔记

## 🧠 思考题

1. 光谱按产生机理可以分哪几类？
2. 太阳光谱按能量分布有何特点？
3. 名词解释：高度角、赤纬角、方位角、辐照度、太阳常数、大气质量。
4. 我国太阳能资源分布有何特点？

# 第 2 章

# 原 子 结 构

 **知识目标**

...................................................................................................................................

① 了解氢原子光谱与玻尔理论。
② 熟悉微观粒子的运动特色。
③ 掌握 4 个量子数的相关知识。
④ 掌握原子核外电子排布的知识。

原子结构模型的
发展

 **思政与职业素养目标**

...................................................................................................................................

① 培育学生敢于质疑、敢为人先的创新精神。
② 培养学生发现问题、解决问题的综合能力。
③ 培养学生发现规律、尊重规律的人生态度。

## 2.1 氢原子光谱与玻尔理论

1911 年英国物理学家卢瑟福（E. R. Rutherford）根据一质点散射实验结果，提出了原子具有核心结构，并创立了"行星式"的原子模型，揭示了原子核外电子的运动规律。两年后，卢瑟福的学生、丹麦人玻尔（N. Bohr）在行星式原子模型的基础上附加了量子化条件，建立了著名的玻尔原子结构模型，成功地解释了氢原子光谱，促进了量子论在原子结构理论中的应用。

氢原子光谱与玻尔
理论

### 2.1.1 氢原子光谱

光谱是指含有不同频率（或波长）的光波通过棱镜（或光栅）被分离，在屏幕上记录下来的一种图像，如图 2-1 所示。

白光本来是由波长不同的各种颜色的光线组成，当它通过三棱镜或者光栅后便分解为红、橙、黄、绿、蓝、靛、紫的连续谱带，称为连续光谱。含有低压氢气的放电管所发生的光通过三棱镜或光栅后不是形成连续的谱带，而是形成一条一条孤立的谱线，由这些谱线构

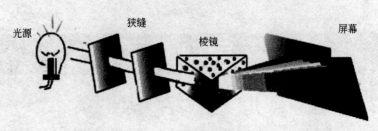

图 2-1　光谱实验示意图

成谱图。这种光谱称为不连续光谱或线状光谱，如图 2-2 所示。

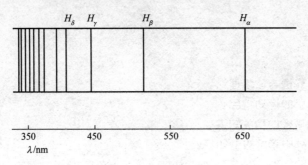

图 2-2　氢原子光谱

1885 年瑞士数学教师巴尔末（J. J. Balmer）首先发现氢原子可见光谱各谱线的波长可用一个较简单的关系式表示：

$$\lambda = B \frac{n^2}{n^2 - 4} \tag{2-1}$$

式中，$B$ 为常数，等于 364.56nm。当 $n = 3$，4，5，6 时，由上式得到的值即为氢原子光谱在可见光区的 4 条谱线 $H_\alpha$、$H_\beta$、$H_\gamma$ 和 $H_\delta$ 的波长。因此把氢原子光谱的这一组谱线称为巴尔末系，如表 2-1 所示。

表 2-1　可见光区氢原子光谱的主要谱线

| 谱线符号 | 波长/nm | 频率/cm$^{-1}$ | 颜色 |
| --- | --- | --- | --- |
| $H_\alpha$ | 656.210 | 15239.0 | 红 |
| $H_\beta$ | 486.074 | 20572.9 | 深绿 |
| $H_\gamma$ | 434.010 | 23040.9 | 青 |
| $H_\delta$ | 410.120 | 24383.1 | 紫 |

1890 年瑞典物理学家里德伯（Rydberg）提出用波数（波长的倒数）$\overline{V}$ 来表征光谱线，使得巴尔末公式变得更简单：

$$\overline{V} = \frac{1}{\lambda} = R \left( \frac{1}{2^2} - \frac{1}{n^2} \right), \quad n, 3, 4, 5 \cdots \tag{2-2}$$

式中，$R = \dfrac{4}{B}$ 为里德伯常数，其实验值为 $1.0967758 \times 10^7 \mathrm{m}^{-1}$。此后又在氢光谱的紫外区、红外区相继发现 $n$ 个谱系，它的波数可用下式表示，$n_1$、$n_2$ 取值见表 2-2。

$$\overline{V} = \frac{1}{\lambda} = R \left( \frac{1}{n_1^2} - \frac{1}{n_2^2} \right) \tag{2-3}$$

表 2-2　氢原子光谱的各组线系

| 线系名称 | $n_1$ | $n_2$ | 波段 |
|---|---|---|---|
| 赖曼系（Lyman） | 1 | 2,3,4… | 紫外区 |
| 巴尔末系（Balmer） | 2 | 3,4,5… | 除 $H_\alpha$、$H_\beta$、$H_\gamma$ 和 $H_\delta$ 为可见区,其余为近紫外区 |
| 帕邢系（Paschen） | 3 | 4,5,6… | 近红外区 |
| 布喇开系（Brackett） | 4 | 5,6,7… | 远红外区 |
| 普芳德系（Pfund） | 5 | 6,7,8… | 远红外区 |

## 2.1.2　玻尔理论

1900 年德国物理学家普朗克（M. Planck）在研究黑体辐射时，为解释辐射能量密度与辐射频率的关系，冲破经典力学的束缚，提出能量量子化的概念。他认为辐射物体的辐射能的放出或吸收不是连续的，而是一份一份地放出或吸收，每一份辐射能（量子所代表的能量）$E$ 取决于辐射物体中原子的振荡频率 $\nu$，即

$$E = h\nu \tag{2-4}$$

式中，$h$ 为普朗克常数，等于 $6.6262 \times 10^{-34} \text{J} \cdot \text{s}$。

1905 年物理学家爱因斯坦（A. Einstein）为解释光电效应而推广了普朗克的量子概念，认为不仅振荡的原子能量是量子化的，辐射能本身也是量子化的，辐射能也是由一份一份的量子组成的，辐射能和量子也称为光子，提出了光子学说，建立了量子理论。

1913 年丹麦物理学家玻尔把量子论的基本观点应用于原子核外电子的运动，从而创立了玻尔理论。其基本论点可归纳为以下几点。

**（1）定态假设**

原子中的电子绕核运动时，只能在符合一定量子化条件的轨道运转，这些轨道上运动着的电子既不能辐射能量，也不能吸收能量，这时称电子处于稳定状态，简称定态。其余的则称激发态。

稳定轨道的条件是电子的轨道角动量 $L$ 只能等于 $\dfrac{h}{2\pi}$ 的整数倍：

$$L = mvr = n\frac{h}{2\pi} \tag{2-5}$$

式中，$m$ 和 $v$ 分别为电子的质量和速度；$r$ 为轨道半径；$h$ 为普朗克常数；$n$ 为量子数，取 1、2、3 等正整数。

**（2）频率公式的假定**

原子核外的电子由一个定态跃迁到另一个定态时，一定会放出或吸收辐射能。因此，如果电子从能态 $E_1$ 跃迁到 $E_2$，根据普朗克-爱因斯坦公式，辐射能的频率公式为：

$$h\nu = E_2 - E_1 \tag{2-6}$$

式中，$E_1$、$E_2$ 分别代表始态和终态的能量。若 $E_2 - E_1 > 0$，表示跃迁时吸收能量，若 $E_2 - E_1 < 0$，表示跃迁时放出能量。

现在应用玻尔理论来处理氢原子。氢原子核带 1 个正电荷，核外只有 1 个电子，电子的

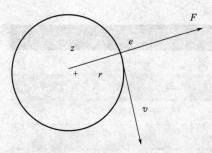

图 2-3　氢原子的核外电子运动轨道

质量仅是质子的 1/1836。假定原子核基本不动，则电子绕核做圆形轨道运动，如图 2-3 所示。处于定态的原子，电子在圆形轨道运转所产生的离心力 $F = mv^2/r$ 必等于原子核与电子之间的库仑力，即

$$\frac{mv^2}{r} = \frac{ze^2}{4\pi\varepsilon_0 r^2} \tag{2-7}$$

式中，$m$ 为电子质量；$v$ 为电子运动速度；$r$ 为稳定轨道半径；$z$ 为原子核的正电荷数；$e$ 为单位电荷电量；$\varepsilon_0$ 为真空介电常数。

另一方面，电子在半径为 $r$ 的圆形轨道运转也具有角动量 $mvr$，根据玻尔的量子化条件：

$$mvr = n\frac{h}{2\pi}, \quad n = 1, 2\cdots \tag{2-8}$$

联立式 (2-7) 和式 (2-8) 求得：

$$r = \frac{\varepsilon_0 n^2 h^2}{\pi m e^2 z} \tag{2-9}$$

对氢原子来说，核电荷 $z = 1$，离核最近的轨道 $n = 1$ 时，有

$$r = \frac{\varepsilon_0 n^2 h^2}{\pi m e^2 z} = \frac{(8.854\times10^{-12}\,\text{C}^2\cdot\text{J}^{-1}\cdot\text{m}^{-1})\times(6.6262\times10^{-34}\,\text{J}\cdot\text{s})^2 n^2}{3.1416\times(9.110\times10^{-31}\,\text{kg})\times(1.602\times10^{-19}\,\text{C})^2}$$
$$= 52.92 n^2 \,\text{pm} = 52.92\,\text{pm}$$

此半径值为第一玻尔半径（上述参数数值均为常用数值）。当 $n = 2$ 时，$r_2 = 211.68\,\text{pm}$；当 $n = 3$ 时，$r_3 = 476.28\,\text{pm}$。根据玻尔观点，氢原子光谱的产生就是核外电子在这些轨道之间跃迁所致。为确定各谱线的波数，还得进一步计算电子在各轨道运转时的能量。

设电子的总能量等于其动能与势能之和，即

$$E_{总} = E_{动} + E_{势}$$

氢原子核电荷 $z = 1$，式 (2-7) 可写成

$$mv^2 = \frac{e^2}{4\pi\varepsilon_0 r}$$

$$E_{动} = \frac{1}{2}mv^2 = \frac{e^2}{8\pi\varepsilon_0 r}, \quad E_{势} = -\frac{e^2}{4\pi\varepsilon_0 r}$$

$$E_{总} = \frac{1}{4\pi\varepsilon_0}\left(\frac{e^2}{2r} - \frac{e^2}{r}\right) = -\frac{1}{4\pi\varepsilon_0}\times\frac{e^2}{2r} \tag{2-10}$$

将式 (2-9) 代入式 (2-10)，得每个电子的能量

$$E_{总} = -\left(\frac{me^4}{8\varepsilon_0^2 h^2}\right)\left(\frac{1}{n^2}\right) = -B\frac{1}{n^2} \quad (n = 1, 2, 3\cdots) \tag{2-11}$$

$$B = \frac{me^4}{8\varepsilon_0^2 h^2} = 2.179\times10^{-18}\,\text{J} \approx 13.6\,\text{eV}$$

由式 (2-11) 可知，$n$ 只能取 1，2，3…正整数，可见原子的能量不可能连续变化，只能跳跃式变化。电子在不同轨道之间跳跃时，原子会吸收或辐射出光子，吸收和辐射出光子能量的多少取决于跳跃前后的两个轨道能量之差，即

$$\Delta E = E_2 - E_1 = E_{光子} = h\nu = \frac{hc}{\lambda} \tag{2-12}$$

式中 $c$ 为光速，一般取 $c = 3 \times 10^8 \, \text{m/s}$。由玻尔模型可直接导出巴尔末等人的经验规律。将式（2-11）代入式（2-12），可得

$$\Delta E = B \left( \frac{1}{n_1^2} - \frac{1}{n_2^2} \right) \tag{2-13}$$

$$\frac{1}{\lambda} = \frac{B}{hc} \left( \frac{1}{n_1^2} - \frac{1}{n_2^2} \right) \tag{2-14}$$

计算得出 $\dfrac{B}{hc} = 1.0973731 \times 10^7 \, \text{m}^{-1}$，与实验测得的 $R_\infty$ 值（$1.0967758 \times 10^7 \, \text{m}^{-1}$）非常接近，符合玻尔理论的观点。

用玻尔理论能较好地解释氢原子光谱。当氢原子获得能量时，原子中的电子从基态跃迁到激发态，处于激发态的电子不稳定，会迅速跳回较低能级，同时以光能的形式放出多余的能量。由于各能级的能量是确定的，两能级间的能量差也是确定的，因此发射出来的光波的波长和频率也必然是确定的。如可见光巴尔末系谱线中，最亮的一条红线（$H_\alpha$）是由 $n=3$ 能级跃迁到 $n=2$ 能级时放出的，$H_\beta$ 是由 $n=4$ 能级跃迁到 $n=2$ 能级放出的。氢原子能级示意如图 2-4 所示。

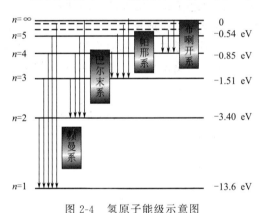

图 2-4　氢原子能级示意图

应用玻尔理论还可以计算氢原子的电离能（$I$）。

电离能是指气态氢原子中的电子从基态跃迁到 $n = \infty$ 时吸收的能量，即

$$I = E_\infty - E_1$$

$$= \left( -B \frac{1}{\infty^2} \right) - \left( -B \frac{1}{1^2} \right)$$

$$= B = 2.179 \times 10^{-18} \, \text{J}$$

若为 1mol 电子，则有：

$$I = 2.179 \times 10^{-18} \times 6.023 \times 10^{23} = 1312 \, (\text{kJ/mol})$$

计算值与实验值（1318kJ/mol）很接近，$6.023 \times 10^{23}$ 为阿伏加德罗常数。

综上所述，玻尔理论引进量子化的概念，成功地解释了氢原子光谱，但不能说明多电子原子的光谱，也不能解释氢原子光谱的每条谱线均由数条波长相差极小的谱线组成的事实，更不能说明电子在一定轨道上稳定存在的原因。玻尔理论局限性的根本原因在于玻尔仍旧沿用了经典力学的概念，继承了经典原子模型中电子绕核运动如同行星绕太阳的轨道运动的观点，他尚未真正认识到微观粒子运动的规律和特点。

## 2.2 微观粒子运动的规律

微观粒子运动的
规律

电子、中子、质子等微观粒子与宏观物体的性质和运动规律不同，因此不能用描述宏观物体运动状态的经典力学来描述微观粒子的运动状态。随着人们对微观粒子特性认识的深入，于 20 世纪 30 年代建立了描述微观粒子运动规律的量子力学。

### 2.2.1 波粒二象性

20 世纪初，爱因斯坦（Einstein）提出光子学说解释了光电效应之后，人们认识到光具有波动性和粒子性双重特性。1924 年，法国青年物理学家德布罗意在光的波粒二象性的启发下，大胆提出了电子等实物粒子也具有波粒二象性，并且推导出运动粒子与波的关系式：

$$\lambda = \frac{h}{p} = \frac{h}{mv} \tag{2-15}$$

式中，$\lambda$ 为一个质量 $m$、运动速度 $v$ 的实物微粒的波长；$p$ 为动量；$h$ 为普朗克常数。

从式（2-15）可以看出，$\lambda$ 与动量 $mv$ 成反比。显然，对于宏观物体，因其质量比较大，所显示的波动性是微弱的，可以不予考虑。比如对质量很大的足球，其波长很短，我们见不到足球射门时所发出的衍射现象。而质量很小的微观粒子（如电子、原子等），则可显示出波动性的特征。

【例 2-1】 分别计算 $m = 1.0 \mathrm{kg}$，$v = 50 \mathrm{m/s}$ 的足球和 $m_e = 9.1 \times 10^{-31} \mathrm{kg}$，$v = 1.5 \times 10^6 \mathrm{m/s}$ 的电子的波长，并进行比较。

**解**：足球的波长为：

$$\lambda = \frac{h}{mv} = \frac{6.6 \times 10^{-34}}{1.0 \times 50} = 1.3 \times 10^{-26} \mathrm{nm}$$

电子的波长为：

$$\lambda = \frac{h}{m_e v} = \frac{6.6 \times 10^{-34}}{9.1 \times 10^{-31} \times 1.5 \times 10^6} = 0.5 \mathrm{nm}$$

结果表明足球波长很短，可不予考虑，而电子的波长接近 X 射线的波长，显示波动性。

1927 年，也就是德布罗意假设提出 3 年后，电子衍射实验完全证实了电子具有波动性。一束电子流，经加速并通过金属单晶体，可清楚地观察到电子的衍射图样。根据电子衍射图计算得到的电子射线的波长，与德布罗意预期的波长完全一致。

用 $\alpha$ 粒子、中子、原子、分子等粒子流做类似实验，都同样可以观察到衍射现象，如图 2-5 和图 2-6 所示。

### 2.2.2 测不准原理

宏观物体的运动状态，可以根据经典力学，用准确的位置和速度（或动量）来确定。如人造卫星的运行，人们不仅可以同时准确地测定它现在的坐标位置和运行速度，而且还能推知它过去和未来的坐标和速度。微观粒子具有波动性，波会发生衍射，人们不能同时准确地

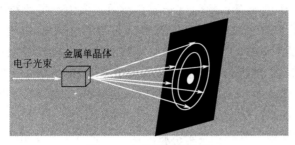

图 2-5　电子衍射示意图

图 2-6　金的电子衍射图

测量它的坐标位置和速度。假如用光测量电子的位置，所用的光波长越短，物体位置的测量越准确，但总有误差存在。电子是极小的粒子，要准确测定其位置，必须使用极短波长的光，根据德布罗意公式 $p=h/\lambda$，光的波长越短，光子的动量越高，当光子与电子相碰撞时就会将动能传给电子，引起电子动量的大变化，故其位置的测量误差太大。1926 年海森堡（Heisenberg）提出了测不准原理，并用数学式表示：

$$\Delta p \Delta x \geqslant \frac{h}{4\pi} \tag{2-16}$$

式中，$\Delta p$ 为动量的不准确程度；$\Delta x$ 为位置不准确程度。

【例 2-2】　做直线运动的粒子，质量为 1g，速度为 $10^3$ m/s，若速度测量误差为其速度的十万分之一，按式(2-16)计算坐标误差。

**解：**
$$\Delta x \geqslant h/(4\pi \Delta p)=h/[4\pi(m\Delta v)]$$
$$\Delta x \geqslant \frac{6.6\times 10^{-34}}{4\times 3.14\times 10^{-3}\times 10^{-5}\times 10^3}=5.25\times 10^{-30}\,\text{m}$$

位置变化很小，表明速度与位置可以同时准确测得。但对于电子（$m_e$ 为 $9.1\times 10^{-31}$ kg）而言，同样速度误差所引起的坐标误差为：

$$\Delta x \geqslant \frac{6.6\times 10^{-34}}{4\times 3.14\times 9.1\times 10^{-31}\times 10^{-5}\times 10^3}=5.8\times 10^{-3}\,\text{m}$$

位置变化很大，远大于自身，故不能忽略。

可见，对于微观体系不可能同时准确地测定粒子的坐标位置和速度。

### 2.2.3　波函数与原子轨道

测不准原理说明玻尔理论中核外电子运动具有固定轨道的观点是错误的，它不符合微观粒子运动的规律。

微观粒子运动状态要用波函数 $\varphi$ 来描述。已用实验证实，原子核外运动的电子不能同时准确地测定它的位置和速度，但在某一空间范围内出现的概率是可以用统计的方法加以描述的，波函数 $\varphi$ 就是描述微观粒子在空间某范围内出现的概率的函数。换言之，每个波函数 $\varphi$ 都能描述原子核外电子运动的一种状态。

1926 年奥地利物理学家薛定谔（E. Schrödinger）把电子运动的波动性理论联系起来，提出了描述核外电子运动状态的波动方程，称为薛定谔方程：

$$\frac{\partial^2 \varphi}{\partial x^2}+\frac{\partial^2 \varphi}{\partial y^2}+\frac{\partial^2 \varphi}{\partial z^2}+\left(\frac{8\pi^2 m}{h^2}\right)(E-V)\varphi=0 \tag{2-17}$$

式中，$h$ 为普朗克常数；$m$ 为电子的质量；$E$ 为电子的总能量；$V$ 为电子的势能；$x$、$y$、$z$ 为空间坐标；$\varphi$ 为波函数。薛定谔方程把作为粒子物质特征的电子质量（$m$）、势能（$V$）和总能量（$E$）与其运动状态的波函数 $\varphi$ 列在一个数学方程式中，即体现了波动性和粒子性的结合。解薛定谔方程的目的，就是求出波函数以及与其相对应的能量 $E$，这样就可了解电子运动的状态和能量的高低。求得（$x$，$y$，$z$）的具体函数形式，即为方程的解。它是一个包含 3 个常数项（$n$、$l$、$m$）和 3 个变量（$x$、$y$、$z$）的函数式。式（2-17）是一个含有 3 个自变量（$x$、$y$、$z$）的二阶偏微分方程，为了求解方便，可将直角坐标系换成球坐标系，如图 2-7 所示。

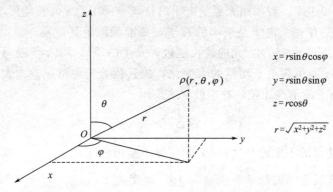

图 2-7　直角坐标与球坐标的关系

由原子的波动方程可以解出一系列波函数 $\varphi$，各个 $\varphi$ 代表电子在原子中的各种运动状态，它们是三维（$r$，$\theta$，$\varphi$）空间坐标的函数。欲使方程的解是合理的，就要求 $n$、$l$、$m$ 不能是任意常数，而是符合一定要求的特定取值。在量子力学中，把这类特定常数 $n$、$l$、$m$ 称为量子数（具体在下面一节介绍）。通过一组特定的 $n$、$l$、$m$，就可得出一个相应的波函数 $\varphi_{n,l,m}(r,\theta,\varphi)$。每一个 $\varphi_{n,l,m}(r,\theta,\varphi)$ 所表示的原子核外电子的运动状态，称为原子轨道。

此外，在求解原子波动方程时，解得波函数 $\varphi_{n,l,m}$ 具有一定的能量 $E_{n,l}$，$E$ 值的大小由 $n$、$l$ 所决定，其能量也是量子化的。对于氢原子，则有 $E = -B\dfrac{1}{n^2}$。

波函数 $\varphi(r,\theta,\varphi)$ 没有明确直观的物理意义，但波函数绝对值的平方 $|\varphi(r,\theta,\varphi)|^2$ 却有明确的物理意义，它表示电子在核外空间某处出现的概率，即电子的概率密度。电子在核外空间区域出现的概率等于概率密度与该区域总体积的乘积。可见，$|\varphi(r,\theta,\varphi)|^2$ 值越大，表明单位体积内电子出现的概率大，即电荷密度越大；反之，$|\varphi(r,\theta,\varphi)|^2$ 越小，表明在单位体积内电子出现的概率小，即电荷密度越小。人们将 $|\varphi(r,\theta,\varphi)|^2$ 在空间的分布称作"电子云"。

## 2.2.4　四个量子数

四个量子数

求解薛定谔方程，不仅可以得到相应的波函数 $\varphi_{n,l,m}(r,\theta,\varphi)$，而且可以推导出波函数 $\varphi_{n,l,m}(r,\theta,\varphi)$ 的具体表达式是由主量子数 $n$、角量子数 $l$、磁量子数 $m$ 及一个描述电子自旋运动特征的自旋量子数 $m_s$ 这 4 个量子数决定的。现简单介绍 4 个量子数的取值范围和物理意义。

**（1）主量子数（$n$）**

主量子数表示电子出现最大概率区域离核的远近和电子能量的高低，取值为 $1,2,3,\cdots$，$n$ 等正整数，目前只取至 7。$n$ 值越大，轨道能量越高。对应的电子层符号为 K、L、M、N、O、P、Q。

**（2）角量子数（$l$）**

角量子数描述原子轨道（或电子云）的形状，表示电子亚层和能级。$l$ 的取值受制于 $n$ 值，只能取 $l=(n-1)$ 的正整数，即 $0,1,2,3,\cdots,n-1$，如表 2-3 所示。

表 2-3　主量子数与角量子数的关系

| $n$ | 1 | 2 | | 3 | | | 4 | | | |
|---|---|---|---|---|---|---|---|---|---|---|
| 电子层 | K | L | | M | | | N | | | |
| $l$ | 0 | 0 | 1 | 0 | 1 | 2 | 0 | 1 | 2 | 3 |
| 亚层 | 1s | 2s | 2p | 3s | 3p | 3d | 4s | 4p | 4d | 4f |

当 $l=0$ 时，相应电子状态为 s 态，其原子轨道（或电子云）的形状为球形；当 $l=1$ 时，相应电子形状为 p 态，其原子轨道（或电子云）为哑铃形；当 $l=2$ 时，相应电子状态为 d 态，其原子轨道（或电子云）形状为花瓣形。对应关系如表 2-4 所示。

表 2-4　角量子数与电子亚层、轨道形状的对应关系

| 角量子数 | 0 | 1 | 2 | 3 | 4 | $\cdots$ |
|---|---|---|---|---|---|---|
| 亚层符号 | s | p | d | f | g | $\cdots$ |
| 轨道形状 | 球形 | 哑铃形 | 花瓣形 | $\cdots$ | $\cdots$ | $\cdots$ |

对于同一个 $n$ 值，可能有 $n$ 个 $l$ 值，这表明同一电子层中有 $n$ 个不同的亚层，其能量有所差异，故称为能级。通常将 $n$、$l$ 相同的称为同一能级，如 1s 态电子处于 1s 能级；2p 态电子处于 2p 能级；3d 态电子处于 3d 能级等。当 $n$ 相同时，一般情况是 $l$ 值越大，能量越高。原子中的电子能态是由 $n$、$l$ 两个量子数共同决定的。

**（3）磁量子数（$m$）**

磁量子数决定原子轨道在空间的伸展方向。原子中电子绕核运动的轨道角动量在外磁场方向上的分量是由磁量子数决定的。它的取值是 $0$，$\pm1$，$\pm2$，$\cdots$，$\pm l$，见表 2-5。例如当 $l=0$ 时，$m=0$，只有一个 s 轨道，呈球形对称，无方向性。当 $l=1$ 时，$m=0,\pm1$，p 态轨道有 3 个空间取向，沿 $x$ 轴方向伸展的称 $p_x$ 轨道，沿 $y$ 轴方向伸展的称 $p_y$ 轨道，沿 $z$ 轴方向伸展的称 $p_z$ 轨道。当 $l=2$ 时，$m=0,\pm1,\pm2$，d 态轨道有 5 种取向，沿 $x$、$y$ 轴夹角 45° 对称方向伸展的称 $d_{xy}$ 轨道，沿 $x$、$z$ 轴夹角 45° 对称方向伸展的称 $d_{xz}$ 轨道，沿 $y$、$z$ 轴夹角 45° 对称方向伸展的称 $d_{yz}$ 轨道，沿 $x$、$y$ 轴对称方向伸展的为 $d_{x^2-y^2}$ 轨道，沿 $z$ 轴对称方向伸展的轨道称 $d_{z^2}$ 轨道，如图 2-8 所示。当 $l=3$ 时，$m$ 可取 $0$，$\pm1$，$\pm2$，$\pm3$，f 态轨道共有 7 种空间取向。

表 2-5　磁量子数 $m$ 与角量子数 $l$ 的关系

| $l$ | $m$ | 空间运动状态数 | |
|---|---|---|---|
| 0 | 0 | s 轨道 | 1 种 |
| 1 | $+1,0,-1$ | p 轨道 | 3 种 |

续表

| $l$ | $m$ | | 空间运动状态数 |
|---|---|---|---|
| 2 | +2,+1,0,-1,-2 | d 轨道 | 5 种 |
| 3 | +3,+2,+1,0,-1,-2,-3 | f 轨道 | 7 种 |

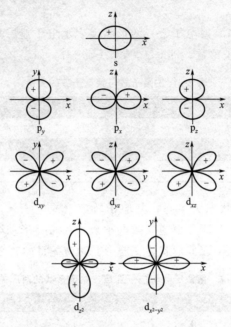

图 2-8   s、p、d 电子云角度立体分布示意图

磁量子数与电子能量无关。$n$ 与 $l$ 相同仅 $m$ 值不同的轨道具有相同的能级，这种能级相同的轨道称为简并轨道（或称等价轨道）。如 p 亚层有三条简并轨道 $p_x$、$p_y$、$p_z$；d 亚层有 5 条简并轨道 $d_{xy}$、$d_{xz}$、$d_{yz}$、$d_{x^2-y^2}$、$d_{z^2}$。这些简并轨道在外磁场作用下，由于取向不同，会引起能量上的差异，这就是线状光谱在磁场作用下发生分裂的原因。

**（4）自旋量子数（$m_s$）**

光谱实验发现，强磁场存在时，光谱图每条谱线均由两条十分接近的谱线组成，人们将其归纳为原子中电子绕自身轴的旋转，即称自旋转动。自旋量子数 $m_s$ 用于表示电子自旋的运动方向，共有两种，可示意为顺时针方向 +1/2 和逆时针方向 -1/2。电子处于 +1/2 或 -1/2 状态时所具有的能量相同。但是从量子力学的观点看，电子并不存在像地球那样绕自身旋转的自旋概念。

## 2.3  原子核外电子排布

两个效应

原子轨道能级是决定核外电子排布和构型的重要因素，原子的外层电子构型随原子序数的增加呈现周期性变化，而原子的外层电子构型的周期性变化又引起元素性质的周期性变化，元素性质周期性变化的规律称元素周期律，反映元素周期律的元素排布称元素周期表。

## 2.3.1 屏蔽效应

氢原子核电荷为 $z=1$，核外只有一个电子，只存在核与电子之间的引力，电子的能量完全由主量子数 $n$ 决定，即

$$E=-B\frac{z^2}{n^2} \quad (z=1)\tag{2-18}$$

在多电子原子中，核外电子不仅受到原子核的吸引，而且还受到电子之间的相互排斥。如 Li 原子有两个 1s 电子和一个 2s 电子，2s 电子除了受到核的引力外，还受到内层的两个 1s 电子的斥力，引力和斥力的综合作用使得核引力减弱。$C(1s^2 2s^2 2p^2)$ 中的 2p 电子除了受到内层的斥力外，还受到同层 2s 电子的排斥。这种斥力的存在，实际上相当于减弱了原子核对外层电子的吸引力。有效核电荷 $z^*$ 与核电荷 $z$ 关系如下：

$$z^*=z-\sigma\tag{2-19}$$

$\sigma$ 称为屏蔽常数，表示被抵消掉的那部分电荷。这种由于其他电子对某一电子的排斥而抵消了一部分核电荷的作用，称为屏蔽效应。由于屏蔽效应的存在，多电子原子中的每一个电子的能量应为：

$$E=-B\frac{(z-\sigma)^2}{n^2}\tag{2-20}$$

屏蔽常数 $\sigma$ 受多种因素的影响，它不仅与屏蔽的电子数目和该电子所处的轨道形状有关，而且与被屏蔽电子离核的远近及运动状态有关。$\sigma$ 值可以通过斯莱特（Slater）规则近似计算。它用于 $n\leqslant 4$ 的轨道准确性较好，$n>4$ 的轨道误差较大。

Slater 规则是根据光谱实验数据总结出来的近似规则，其要点如下。

① 将原子中的电子分成如下几组：

$$(1s)(2s,2p)(3s,3p)(3d)(4s,4p)(4d)(4f)(5s,5p)\cdots$$

② 位于被屏蔽电子右边的各组电子，对被屏蔽电子 $\sigma=0$。

③ 1s 轨道电子之间的 $\sigma=0.30$，其余各组组内电子之间 $\sigma=0.35$。

④ 被屏蔽电子为 $ns$ 或 $np$ 时，主量子数为 $(n-1)$ 的各电子对它的 $\sigma=0.85$，$(n-2)$ 及更少的各电子的 $\sigma=1.00$。

⑤ 被屏蔽电子为 $nd$ 或 $nf$ 时，位于它左边各组电子对它的 $\sigma=1.00$。

**【例 2-3】** 计算钪原子中处于 3p 和 3d 轨道上电子的有效核电荷和一个 3s 电子的能量。

**解**：$Sc(z=21)$ 核外电子排布为 $1s^2 2s^2 2p^6 3s^2 3p^6 3d^1 4s^2$。

3p 电子　　　　　　$z^*=21-0.35\times 7-0.85\times 8-1.00\times 2=9.75$

3d 电子　　　　　　　$z^*=21-18\times 1.00=3$

3s 电子　　　　　　$\sigma=2\times 1+8\times 0.85+7\times 0.35=11.25$

$$E_s=-B\frac{(z-\sigma)^2}{n^2}=-13.6\times\frac{(21-11.25)^2}{3^2}=-143.7(eV)$$

上例说明，屏蔽常数 $\sigma$ 对各分层的能量有较大影响，一般情况是，$n$ 相同 $l$ 不同的原子轨道，随着 $l$ 的增大，其他电子对它的屏蔽常数 $\sigma$ 也增大，从而使得它的能量升高，即有 $E_{ns}<E_{np}<E_{nd}<E_{nf}$。

## 2.3.2　穿透效应

在多电子原子中，角量子数 $l$ 较小的轨道上的电子钻到靠核附近的空间的概率较大，具有较强的渗透能力。这种电子可以避免其他电子的屏蔽，又能增强核对它的吸引力，使其能量降低。这种外层电子向内层穿透的现象称为穿透效应。

如图 2-9 所示，主量子数 $n$ 相同的 3s、3p、3d 电子中，角量子数 $l$ 最小的 3s 电子的径向分布峰个数最多，共有 3 个，其中一个小峰离核较近。可见，3s 电子被内层电子屏蔽最少，受核吸引力较大，其能量最低；而 3p 及 3d 电子钻入内层的程度依次减少，内层电子对它的屏蔽作用依次增强，故使它们的能量相继增大。穿透与屏蔽两种作用是相互联系的，总效果都反映在 $z^*$ 值上。轨道的穿透能力通常按 $n$s、$n$p、$n$d、$n$f 的顺序减小，导致主量子数相同的轨道能级按 $E_{n\mathrm{s}} < E_{n\mathrm{p}} < E_{n\mathrm{d}} < E_{n\mathrm{f}}$ 的顺序分裂，这与光谱实验结果完全一致。

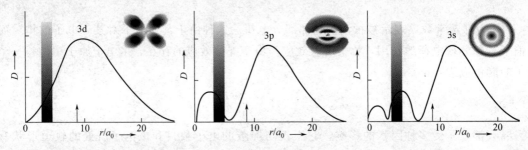

图 2-9　3s、3p、3d 轨道上电子的径向分布图

## 2.3.3　能级交错及近似能级图

穿透效应的存在，不仅能引起轨道能级的分裂，而且还能导致能级的交错。例如 3d 和 4s 轨道能级，若只考虑主量子数的影响，应该是 $E_{3\mathrm{d}} < E_{4\mathrm{s}}$。正如图 2-10 所示，4s 的主峰比 3d 的主峰离核更远，但 4s 的角量子数比 3d 小，图上出现 3 个小峰较接近原子核，4s 电子比 3d 的渗透力强，其结果降低了 4s 轨道的能量，而且这种能量降低超过主量子数增加引起的能量升高作用，导致轨道能级交错，最终结果是 $E_{4\mathrm{s}} < E_{3\mathrm{d}}$。

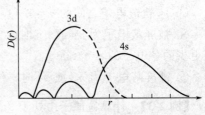

图 2-10　3d、4s 的径向分布图

一般情况是，当轨道的 $n$ 值增大对轨道能量的影响小于 $l$ 值减少对轨道能量影响时，电子的穿透作用对轨道能量的影响起主导作用，能级交错现象即可发生。除 $E_{4\mathrm{s}} < E_{3\mathrm{d}}$ 外，还有 $E_{5\mathrm{s}} < E_{4\mathrm{d}}$，$E_{6\mathrm{s}} < E_{4\mathrm{f}} < E_{5\mathrm{d}}$，$E_{7\mathrm{s}} < E_{5\mathrm{f}} < E_{6\mathrm{d}}$。

在多电子原子中，能级顺序受到多方面因素的影响，其中包括核电荷数、主量子数、角量子数、屏蔽效应、穿透效应和电子的自旋等，所以难于精确地描绘原子中电子的能级，但根据大量光谱实验数据可以总结出多电子原子的近似能级图。

### (1) 鲍林的近似能级图

1939 年，鲍林（L. Pauling）从大量的光谱实验数据出发，计算得出多电子原子中轨道能量的高低顺序，提出了轨道的近似能级图，如图 2-11 所示。

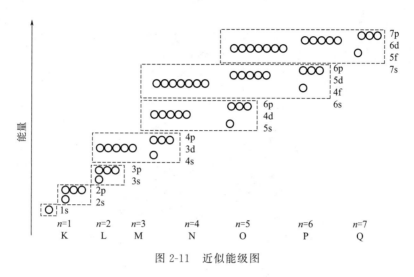

图 2-11  近似能级图

图中 s 分层中只有 1 个圆圈，表示只有 1 条原子轨道；p 分层中有 3 个圆圈，表示有 3 条原子轨道。由于这 3 个 p 轨道的能量相同，故称为简并轨道或等价轨道。同理，d 分层有 5 条能量相同的轨道，即 d 轨道是 5 重简并轨道；f 分层有 7 条能量相同的轨道，即 f 轨道是 7 重简并轨道。

由鲍林图不难看出，角量子数 $l$ 相同时轨道的能级只由主量子数 $n$ 决定，$n$ 值越大，能级越高。例如，$E_{1s}<E_{2s}<E_{3s}<E_{4s}$，$E_{2p}<E_{3p}<E_{4p}$。若主量子数 $n$ 相同，轨道的能级由角量子数 $l$ 决定，$l$ 值越大，能级越高，这种现象叫能级分裂。例如 $E_{ns}<E_{np}<E_{nd}<E_{nf}$。若主量子数 $n$ 和角量子数 $l$ 同时变动，"能级交错"现象出现，这可以用屏蔽效应和穿透效应来解释。

我国著名化学家徐光宪提出关于轨道能量的 $(n+0.7l)$ 近似规律。他认为轨道能量的高低顺序可由 $(n+0.7l)$ 值判断，$(n+0.7l)$ 值越大，原子轨道能量越高。他还将首位数相同的能级归为一个能级组，并推出随原子序数增加，电子在轨道中填充的顺序为：1s，2s，2p，3s，3p，4s，3d，4p，5s，4d，5p，6s，4f，5d，6p，7s，5f…例如，K 原子的最后 1 个电子填充在 3d 轨道还是 4s 轨道使原子能量较低呢？因为 $(3+0.7\times2)>(4+0.7\times0)$，所以电子应填在 4s 轨道上。该近似规律得出与鲍林相同的能级顺序和分组结果。

徐光宪还提出了离子最外层电子的能量高低次序可根据 $(n+0.4l)$ 值来判断。例如，4s 和 3d 轨道的 $(n+0.4l)$ 值分别为 $(4+0.4\times0)$ 和 $(3+0.4\times2)$，因此 $E_{4s}>E_{3d}$。故 $Mn^{2+}$ 离子是由 Mn 原子失去 $4s^2$ 电子而得到的，较好地说明了原子总是先失去最外层电子的客观规律。

**（2）科顿的原子轨道能级图**

1962 年，美国无机结构化学家科顿（Cotton）用最简洁的方法总结出周期表中元素原子轨道能量高低随原子序数增加的变化规律，如图 2-12 所示。图中横坐标为原子序数，纵坐标为轨道能量，右上角的方框内是 $z=20$ 附近的原子能级次序的放大图。由图可见，原子序数为 1 的氢原子，轨道能量只与 $n$ 值有关。$n$ 值相同时皆为简并轨道。但是随原子序数的增加，核电荷数增加，核对电子的吸引力也增加，使得各种轨道的能量都降低了。从图中又能清楚地看出原子序数为 19（K）和 20（Ca）附近发生的能级交错现象。从放大图中可更加清楚地看到从 Sc 开始 3d 的能量又低于 4s，而在鲍林近似能级图中尚未反映这一点。

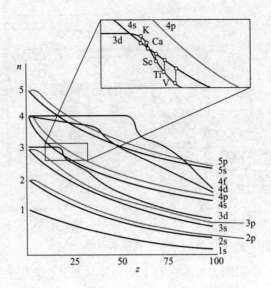

图 2-12　原子轨道能级与原子序数的关系

核外电子排布原则

## 2.3.4　核外电子排布

### (1) 核外电子排布的三个原则

根据原子光谱实验和量子力学理论，人们总结出原子处于基态时核外电子排布的三项基本原则。

① 能量最低原理　自然界一条普遍的规律是"能量越低越稳定"，原子中的电子也不例外，电子在原子中所处的状态总是尽可能使整个体系的能量为最低，这样的体系最稳定。因此电子总是优先占据可供占据的能量最低轨道，而后按照原子轨道近似能级图 2-11 依次进入能量较高的轨道。这称为能量最低原理。

② 保里不相容原理　1925 年，瑞士物理学家保里（Pauli）根据元素在周期系中的位置和光谱分析的结果得出一个原理，其内容是：在同一原子中不能存在运动状态完全相同的电子，或者说同一原子中不能存在 4 个量子数完全相同的电子。例如氦原子的 1s 轨道中有两个电子，如果其中一个电子的量子数（$n$，$l$，$m$，$m_s$）是$\left(1, 0, 0, +\dfrac{1}{2}\right)$，则另一个电子的量子数必定是$\left(1, 0, 0, -\dfrac{1}{2}\right)$，即两个电子的自旋方向必须相反。这说明每种运动状态最多只能容纳一个电子；同一条轨道最多只能容纳两个自旋相反的电子。因为 s、p、d、f各分层中的原子轨道分别为 1、3、5、7 条，所以各分层最多只能容纳 2、6、10、14 个电子。又因为每个电子层中原子轨道总数为 $n^2$，所以各电子层中电子的最大容量为 $2n^2$ 个。

③ 洪德规则　1925 年，洪德（Hund）从大量光谱实验数据中总结出一条规律："电子分布到能量相同的等价轨道时，总是优先以自旋相同的方向单独占据能量相同的轨道"。它反映在 $n$、$l$ 值相同的轨道中电子的分布规律。以碳原子 $1s^2 2s^2 2p^2$ 为例，如 2 个 p 电子在同一轨道上排斥力大，而在不同轨道且自旋平行时排斥力小，电子按洪德规则分布可使体

系能量最低、最稳定。洪德规则虽然是一条经验规则，但是后来得到量子力学计算的证明。根据洪德规则推断，当等价原子轨道处于全充满（$p^6$，$d^{10}$，$f^{14}$）、半充满（$p^3$，$d^5$，$f^7$）和全空（$p^0$，$d^0$，$f^0$）时比较稳定。

**（2）核外电子排布方式**

根据上述电子排布的基本原则，可以将周期表中每个元素原子的核外电子按主量子数由小到大的顺序排布出来。多电子原子核外电子排布的表达式叫作电子排布方式。如钛（Ti）原子有 22 个电子，按上述 3 个原则和近似能级顺序，其电子排布方式为：$1s^2 2s^2 2p^6 3s^2 3p^6 3d^2 4s^2$。表 2-6 列出了周期表中部分元素原子的电子排布方式。

**表 2-6　常见元素原子的电子排布方式**

| 元素 | 原子序数 | 电子排布方式 |
| --- | --- | --- |
| B(硼) | 5 | $1s^2 2s^2 2p^1$ |
| Si(硅) | 14 | $1s^2 2s^2 2p^6 3s^2 3p^2$ |
| P(磷) | 15 | $1s^2 2s^2 2p^6 3s^2 3p^3$ |
| Cu(铜) | 29 | $1s^2 2s^2 2p^6 3s^2 3p^6 3d^{10} 4s^1$ |
| Ga(镓) | 31 | $1s^2 2s^2 2p^6 3s^2 3p^6 3d^{10} 4s^2 4p^1$ |
| Ge(锗) | 32 | $1s^2 2s^2 2p^6 3s^2 3p^6 3d^{10} 4s^2 4p^2$ |
| As(砷) | 33 | $1s^2 2s^2 2p^6 3s^2 3p^6 3d^{10} 4s^2 4p^3$ |
| Se(硒) | 34 | $1s^2 2s^2 2p^6 3s^2 3p^6 3d^{10} 4s^2 4p^4$ |
| Cd(镉) | 48 | $1s^2 2s^2 2p^6 3s^2 3p^6 3d^{10} 4s^2 4p^6 4d^{10} 5s^2$ |
| In(铟) | 49 | $1s^2 2s^2 2p^6 3s^2 3p^6 3d^{10} 4s^2 4p^6 4d^{10} 5s^2 5p^1$ |
| Sb(锑) | 51 | $1s^2 2s^2 2p^6 3s^2 3p^6 3d^{10} 4s^2 4p^6 4d^{10} 5s^2 5p^3$ |
| Te(碲) | 52 | $1s^2 2s^2 2p^6 3s^2 3p^6 3d^{10} 4s^2 4p^6 4d^{10} 5s^2 5p^4$ |

## 本章小结

本章主要介绍了氢原子光谱的各种连续谱线、电子的运动及其量子化条件，另外介绍了利用玻尔理论计算原子轨道半径和轨道能量的方法，介绍了波粒二象性、测不准原理、薛定谔方程、电子核外排布的 4 个量子数以及排布的三大基本原则。

## 知识拓展

致敬"两弹一星"
功勋科学家

**学习笔记**

**思考题** ........................................................................

1. 利用玻尔理论推得的能量公式，计算氢原子的电子从第 5 能级跃迁到第 2 能级所释放的能量及谱线的波长。

2. 试区别下列名词或概念：①连续光谱与线状光谱；②定态、基态与激发态；③原子轨道与电子云。

3. 利用德布罗意关系式，计算质量为 $1.0 \times 10^{-2}$kg、运动速度为 $1.0 \times 10^{3}$m/s 的子弹所具有的波长；计算质量为 $9.1 \times 10^{-31}$kg、运动速度为 $6.0 \times 10^{6}$m/s 的电子所具有的波长。计算结果说明什么？

4. 多电子原子的轨道能级与氢原子的轨道能级有什么不同？为什么？

5. 判断下列说法是否正确？应如何改正？

① s 电子轨道是绕核旋转的一个圆圈，p 电子是走∞字形。

② 电子云图中黑点越密之处表示那里的电子越多。

③ 主量子数为 4 时，有 4s、4p、4d、4f 四条轨道。

④ 多电子原子轨道能级与氢原子的能级相同。

6. 氧原子中有 8 个电子，试写出各电子的 4 个量子数。

# 第3章
# 化学键与分子结构

 **知识目标**

① 理解离子键、共价键、金属键的形成原因。
② 熟悉离子键、共价键、金属键的特点。
③ 掌握常见离子键、共价键、金属键构成的晶体类型。
④ 掌握离子晶体、原子晶体、分子晶体和金属晶体的性能特点。

化学键与分子结构

 **思政与职业素养目标**

① 培养学生对微观世界的丰富想象力。
② 培养学生用对立统一规律认识问题的思维。
③ 帮助学生掌握从现象到本质的认知规律。

## 3.1 离子键

20世纪初，德国化学家 Kossel 根据惰性气体原子具有稳定结构的事实，提出了离子键理论。电离能较小的金属原子（如碱金属与碱土金属）和电子亲和能较大的非金属原子（如卤素及氧族原子）靠近时，前者易失去电子变成正离子，后者易获得电子变成负离子，这样正、负离子便都具有类似稀有气体原子的稳定结构，它们之间靠库仑静电引力结合在一起而生成离子化合物。

离子键

### 3.1.1 离子键的形成

离子键（Ionic bond）是由原子得失电子后生成的正、负离子之间靠静电作用而形成的化学键。在离子键的模型中，可以近似地将正、负离子视为球形电荷。根据库仑定律，两种带有相反电荷（$q^+$ 和 $q^-$）的离子间的静电引力 $F$ 与离子电荷的乘积成正比，即 $F = kq^+ q^-/d^2$，可见，离子的电荷越大，离子电荷中心间的距离 $d$ 越小，离子间的引力越强。

在一定条件下，当电负性较小的活泼金属元素的原子与电负性较大的活泼非金属元素的原子相互接近时，活泼金属原子失去最外层电子，形成具有稳定电子层结构的带正电荷的正离子；而活泼非金属原子得到电子，形成具有稳定电子层结构的带负电荷的负离子。正、负离子之间靠静电引力相互吸引，当它们充分接近时，离子的原子核之间及电子之间的排斥作用增大，当正、负离子之间的相互吸引作用和排斥作用达到平衡时，系统的能量降到最低，正、负离子间形成稳定的离子键。以 NaCl 的形成为例：

$$Na-e \longrightarrow Na^+, \quad 2s^2 2p^6 3s^1 \longrightarrow 2s^2 2p^6$$
$$Cl+e \longrightarrow Cl^-, \quad 3s^2 3p^5 \longrightarrow 3s^2 3p^6$$

相应的电子构型变化分别达到 Ne 和 Ar 的稀有气体原子的结构，形成稳定离子。

离子键形成时还靠静电吸引，形成化学键体系的势能与核间距之间的关系如图 3-1 所示。

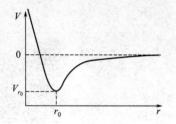

图 3-1    势能与核间距之间的关系

图中横坐标为两原子核之间的核间距 $r$，纵坐标为离子键形成过程中整个体系的势能 $V$。当两个原子核之间的距离无限远时，即 $r$ 无穷大时，体系的势能为零。$Na^+$ 和 $Cl^-$ 彼此接近，当 $r > r_0$ 时，随着 $r$ 减小，正、负离子靠静电相互吸引，$V$ 减小，体系稳定；当 $r = r_0$ 时，$V$ 有极小值，此时体系最稳定，表明形成了离子键；当 $r < r_0$ 时，$V$ 又急剧上升，这是因为 $Na^+$ 和 $Cl^-$ 彼此再接近时，相互之间电子斥力急剧增加，导致势能骤然上升。因此，离子之间相互吸引，并保持一定距离时，体系最稳定，这时形成的化学键即为离子键。

## 3.1.2    离子键的形成条件

形成离子键的条件是成键原子间的电负性相差较大，一般要大于 1.7，单键离子性在 50% 以上。具有离子键的化合物称为离子化合物，但不能理解成离子化合物中的原子间都是以离子键键合的，如电负性最大的 F 原子（电负性为 4.0）与电负性最小的 Cs 原子（电负性为 0.7）形成最典型的离子化合物（电负性差达 3.3）分子中，键的离子性只有 92%，它们的离子之间仍有部分原子轨道重叠而具有共价性。离子键和共价键之间，并非严格截然可以区分的，如图 3-2 所示。

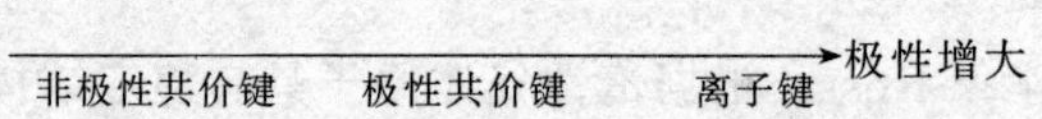

非极性共价键　　　极性共价键　　　离子键　　　极性增大 →

图 3-2    离子键形成图

若把非极性键看作为纯粹的、100% 的共价键，把理想中纯粹的离子键看作为 100% 的离子键，那么，从键型过渡的角度来说，极性共价键又可以看作为含有小部分离子键成分和大部分共价键成分的中间类型的化学键。当极性键向离子键过渡时，共价键成分逐渐减少，而离子键成分逐渐增加。因此，从这个意义上来说，绝大多数的离子键都不是典型的，只是离子性占优势而已。

离子键易形成稳定离子，如 NaCl 的形成过程中，Na 原子失去一个电子形成 $Na^+$，外层电子排布为 $2s^2 2p^6$，而 Cl 原子得到一个电子形成 $Cl^-$，外层电子排布为 $3s^2 3p^6$，达到稀有气体稳定结构。形成离子键的过程中需要释放较大的能量，如公式 $Na(s) + \frac{1}{2}Cl_2 = NaCl(s)$ 和 $\Delta H = -410.9 kJ/mol$ 所示。$Ag^+$（$4d^{10}$）d 轨道是全充满的稳定结构，不易形成离子键。

而 C 和 Si 原子的电子结构分别为 $2s^2 2p^2$ 和 $3s^2 3p^2$，要失去全部的 4e 才能形成稳定离子，比较困难，所以一般不形成离子键，如 $CCl_4$、$SiF_4$ 等均为共价化合物。通常碱金属、碱土金属和卤族元素之间相互作用时，比较容易形成离子键。

### 3.1.3　离子键的特点

原子在彼此作用过程中，以电子转移的方式达到稳定电子层结构，形成正、负离子，并凭借其相互作用来形成分子，这是离子键的实质，主要表现在以下三个方面。

**(1) 作用力的实质是静电力**

$$F \propto \frac{q_1 q_2}{r^2}$$

式中，$q_1$、$q_2$ 分别是正、负离子所带的电荷量；$r$ 是正、负离子间的距离。

**(2) 离子键无方向性，无饱和性**

由于离子电荷具有球形对称性，正、负离子之间的静电引力与方向无关，离子在其任何方向上均可与相反电荷的离子相互吸引而形成离子键，因此离子键无方向性。当两个异电荷离子，例如 $Na^+$ 和 $Cl^-$，彼此吸引形成 NaCl 离子型分子后，由于离子的电场力无方向性，各自仍具有吸引异电荷离子的能力，只要空间条件许可，每种离子均可结合更多的异电荷离子，因此，离子键无饱和性。

**(3) 离子键的离子性与元素电负性差有关**

离子性不可能是 100% 的，通常用 $\Delta x$（两元素的电负性差）来判断化合物的离子性。$\Delta x = 1.7$，单键约为 50% 的离子性；当 $\Delta x > 1.7$，形成离子键；当 $\Delta x < 1.7$，形成共价键。

### 3.1.4　离子晶体

通过离子键构成的化合物叫离子化合物，很多盐类、金属氧化物和金属卤化物都是离子化合物。离子键存在于晶体中，则称为离子晶体。几乎所有的固态物质都是晶体。所谓晶体就是晶体的内部质点在三维空间呈周期性重复排列的固体，具有长程有序，并呈周期性重复排列。构成晶体的质点（离子、原子或分子）在空间的固定点上做有规则的排列，虽然它们在不断地运动着，但它们之间的位置保持着相对固定的状态。这些质点的排列就构成了各种类型的空间晶格，这种内部结构决定了晶体的外表具有一定的几何外形。例如 NaCl 是正立方体晶体，$Na^+$ 与 $Cl^-$ 相间排列，每个 $Na^+$ 同时吸引 6 个 $Cl^-$，每个 $Cl^-$ 同时吸引 6 个 $Na^+$。不同的离子晶体，离子的排列方式可能不同，形成的晶体类型也不一定相同。离子晶体中不存在分子，通常根据正、负离子的数目比，用化学式表示该物质的组成，如 NaCl 表示氯化钠晶体中 $Na^+$ 与 $Cl^-$ 个数比为 $1:1$，$CaCl_2$ 表示氯化钙晶体中 $Ca^{2+}$ 与 $Cl^-$ 个数比为 $1:2$。

离子晶体是由正、负离子组成的，离子间的相互作用是较强烈的离子键。离子晶体的代表物主要是强碱和多数盐类。离子晶体的结构特点是：晶格上质点是正离子和负离子；晶格上质点间作用力是离子键，比较牢固；晶体里只有正、负离子，没有分子。

离子晶体的性质特点主要有以下几个方面。

① 无确定的分子量　NaCl 晶体中无单独分子存在。NaCl 是化学式，因而 58.5 是式

量，不是分子量。

② 导电性　水溶液或熔融态导电，是通过离子的定向迁移导电，而不是通过电子流动而导电。

③ 熔点、沸点较高　因为要使晶体熔化就要破坏离子键，离子键作用力较强大，所以要加热到较高温度。

④ 硬度高，延展性差　因离子键强度大，所以硬度高。离子晶体发生位错（图 3-3）后，正正离子相切，负负离子相切，彼此排斥，离子键失去作用，故无延展性。如 $CaCO_3$ 可用于雕刻，而不可用于锻造，即不具有延展性。

位错

图 3-3　离子晶体位错图

### 3.1.5　离子晶体的结构

离子晶体中的正、负离子采取密堆积方式。由于离子晶体的正、负离子大小不同，正、负离子可看成是不等径圆球，其密堆积方式应是：正、负离子各与尽可能多的异号离子接触，这样可使体系的能量尽可能地低，从而形成稳定的结构。因此，离子晶体的配位数也比较高。离子晶体的结构多种多样，而且有的很复杂。但复杂离子晶体的结构一般都是典型的简单结构形式的变形，故可将离子晶体的结构归纳为几种典型的结构形式，包括 CsCl、NaCl、立方 ZnS、$CaF_2$ 等。

**(1) AB 型化合物结构**

① NaCl 型结构　如图 3-4 所示，NaCl 型是 AB 型离子晶体中最常见的结构类型。它的晶胞形状是正立方体，正、负离子的配位数均为 6。自然界有几百种化合物都属于 NaCl 型结构，氧化物有 MgO、CaO、SrO、BaO、CdO、MnO 等；氮化物有 TiN、LaN、ScN 等；碳化物有 TiC、VC、ScC 等；所有的碱金属硫化物和卤化物（CsCl、CsBr、CsI 除外）也都具有这种结构。

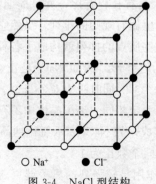

○ Na$^+$　● Cl$^-$

图 3-4　NaCl 型结构

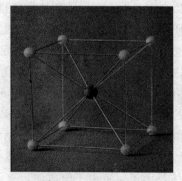

图 3-5　CsCl 型结构

② CsCl 型结构　如图 3-5 所示，CsCl 型晶体的晶胞也是正立方体，其中每个正离子周围有 8 个负离子，每个负离子周围同样有 8 个正离子，正、负离子的配位数均为 8，多面体共面连接，1 个晶胞内含 Cs$^+$ 和 Cl$^-$ 各 1 个，Cs$^+$ 和 Cl$^-$ 半径之比为 0.169nm/0.181nm ＝

0.933，$Cl^-$ 构成正六面体，$Cs^+$ 在其中心。许多晶体，如 $TiCl$、$CsBr$、$CsI$ 等，均属于 $CsCl$ 型。

③ 闪锌矿结构　如图 3-6 所示，立方 $ZnS$ 型结构类型又称闪锌矿型（$\beta$-$ZnS$），是另一种常见的化合物晶体结构。立方 $ZnS$ 型晶体也是正立方体，但粒子排布较复杂，正、负离子配位数均为 4。它与金刚石晶格结构相仿，只要在金刚石晶格立方单元的对角线位置上放一种原子，在面心立方位置上放另一种原子，就得到其闪锌矿晶格结构。很多化合物，如 $GaAs$、$InSb$，都具有立方 $ZnS$ 型结构。同样，Ⅱ族元素和Ⅵ族元素的化合物，如 $BeO$、$ZnSe$ 等晶体，也属于立方 $ZnS$ 型。

④ 纤锌矿型结构　纤锌矿型结构和闪锌矿型结构相接近，也是以正四面体结构为基础构成的，但是它具有六方对称性，而不是立方对称性。图 3-7 为纤锌矿型结构示意图，它是由两类原子各自组成的六方排列的双原子层堆积而成的。硫化锌、硒化锌、硫化镉、硒化镉等都可以由闪锌矿和纤锌矿型两种方式结晶。与Ⅲ-Ⅴ族化合物类似，这种共价性化合物晶体中，其结合的性质也具有离子性，但这两种元素的电负性差别较大，如果离子性结合占优势，就倾向于构成纤锌矿结构。

图 3-6　立方 ZnS 型结构

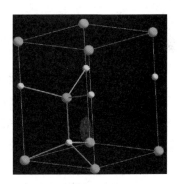

图 3-7　纤锌矿型结构

### （2）$AB_2$ 型化合物结构

① $CaF_2$（萤石）型结构　$CaF_2$ 属立方晶系，面心立方格子，$F^-$ 填充在 8 个小立方体中心，8 个四面体全被占据，八面体全空（有 $1+12\times1/4=4$ 个八面体空隙，其中有 12 个位于棱的中点，为 4 个晶胞所共用，1 个位于体心），也就是说 8 个 $F^-$ 之间形成了 1 个"空洞"，结构比较开放。因此，在图 3-8 所示的萤石型结构中，往往存在负离子扩散机制，并且是主要机制。立方 $ZrO_2$ 属萤石型结构，除了 $ZrO_2$ 之外，还有 $UO_2$、$ThO_2$、$CeO_2$、$BaF_2$、$PbF_2$、$SnF_2$ 等。

② $TiO_2$（金红石）型结构　金红石是 $TiO_2$ 的一种稳定型结构，属四方晶系，简单四方点阵，由于每一角顶上的 $Ti^{4+}$ 为相邻的 8 个单位晶胞所共有，该晶胞只占 1/8，所以单位晶胞中 $Ti^{4+}$ 的数目为 2 ［8（角顶上的 $Ti^{4+}$）×1/8+1（体心的 $Ti^{4+}$）］。$O^{2-}$ 有 4 个位于单位晶胞的上、下底面上，另 2 个 $O^{2-}$ 位于单位晶胞内。由于位于晶胞上、下底面上的 $O^{2-}$ 为 2 个晶胞所共有，故单位晶胞中 $O^{2-}$ 的数目为 $(4\times1/2+2)=4$ 个。这样，单位晶胞中有 2 个 $Ti^{4+}$，4 个 $O^{2-}$。其结构如图 3-9 所示。二氧化铅、二氧化锡、二氧化铌、二氧化钨、二氧化锰、二氧化锗等二氧化物，氟化亚铁、氟化锌、氟化镁等一些二价金属的氟化物，都属于金红石型结构的化合物。

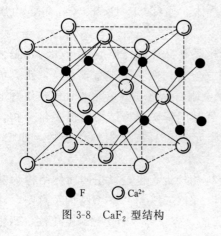

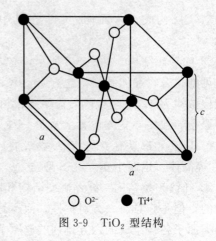

● F　○ Ca²⁺

○ O²⁻　● Ti⁴⁺

图 3-8　CaF₂ 型结构

图 3-9　TiO₂ 型结构

# 3.2　共价键

共价键

对于两个相同的原子或电负性相差不大的原子之间的成键问题，早在 1914～1916 年间，路易斯（Lewis）就提出了"共价键"的设想，认为这类原子之间是通过共用电子对结合成键的。

1927 年德国物理学家海特勒（W. Heitler）和伦敦（F. W. London）应用量子力学研究氢分子的结构以后，对共价键的本质有了初步了解。现代共价键理论是以量子力学为基础的，但因分子的薛定谔方程比较复杂，对它严格求解至今还是极为困难的，为此只好采用某些近似的假定以简化计算。不同的假定产生了不同的物理模型：一种认为成键电子只能在以化学键相连的两原子间的区域内运动；另一种认为成键电子可以在整个分子的区域内运动。前者发展为价键理论，后者则发展为分子轨道理论。

1930 年，美国化学家鲍林（L. Pauling）和德国物理学家斯莱特（J. C. Slater）把海特勒和伦敦的电子对成键理论推广到多种单质和化合物中，从而形成了现代价键理论，简称 VB 理论或电子配对理论，亦称 HLSP 理论。

## 3.2.1　价键理论

### （1）共价键的形成

原子和分子在结构上的主要差别在于原子是单核的，而分子则是多核的。研究原子结构是从最简单的氢原子开始的，同样研究分子结构就从最简单的 $H_2^+$ 开始。$H_2^+$ 是汤姆逊于阴极射线中发现的。通常条件下，它极易从所碰到的原子或分子中夺取一个电子成为 $H_2$，故不易发现其存在。$H_2^+$ 仅有两个氢核和一个电子，然而其分子轨道及化学键却具有一般分子中分子轨道和化学键的基本特征。使用量子力学处理 $H_2^+$ 结构，不仅能够得到一些很有价值的结果，而且可以提出一些重要的物理概念，对用分子轨道方法研究复杂分子的结构很有启发性。

共价键的形成是由于成键原子的原子轨道（从电子云的概念讲，也可以说是电子云）相互重叠的结果。两个原子轨道中自旋反向的两个电子，在轨道重叠区域内为两个原子所共有，因此增加了对成键两原子的原子核的吸引力，而减少了两原子核之间的排斥力，故降低了体系的能量而成键。如氢分子的形成，当两个氢原子（各有一个自旋方向相反的电子）逐渐靠近到一定距离时，这两个电子间就会相互吸引，结果将使两个原子靠得更近而键合时，电子运动情况发生了质变，它们不再只是在原来那个核周围出现，而是更多地出现在两个原子核之间，即在两个原子核之间有一个电子云密度最大的区域（如图 3-10 的黑影）。实验测得当氢原子形成 1g 氢分子时，将放出 192.62kcal（1cal＝4.18J）的热量。这表明，当共用的一对电子绕两个原子核运动时，整个系统的能量较低，比较稳定。这种靠两个核共用一对电子而形成的化学键叫作共价键。同样，共价键包含着互相排斥的因素，所以形成共价键的两个原子核间也具有一定的核间距（即键长），并且是可分的。

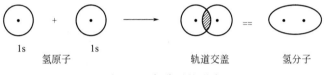

图 3-10    氢分子的形成

如果两个电子的自旋方向相同，它们就会互相排斥，使两个原子不能成键，电子云也不会重叠。因此只有那些具有自旋反向的未成对电子的原子才能形成共价键，而且电子云重叠程度越大，共价键越稳定，在化学反应时，拆散它们往往需要更多的能量。

**（2）价键理论要点**

应用量子力学研究 $H_2$ 分子的结果，从个别到一般，可推广到其他分子体系，从而发展为价键理论。

价键理论的基本要点如下。

① 电子配对原理    两个具有自旋方向相反的成单电子即可结合，相互配对，形成共价键。若两个原子各有 1 个未成对电子且自旋方向相反，则可配对形成共价单键；各有 2 个或 3 个未成对电子且自旋方向相反，则可形成共价双键或三键。若 A 原子有 2 个未成对电子，B 原子有 1 个未成对电子且自旋方向相反，则一个 A 原子可与两个 B 原子形共价单键而结合成 $AB_2$ 分子。

② 原子轨道最大重叠原理    成键的原子轨道总是尽可能地最大程度重叠，原子轨道重叠程度越大，两核间电子概率密度越大，形成的共价键越牢固。

③ 能量最低原理    成键原子在电子配对后会放出能量，使体系的能量降低而稳定。

**（3）共价键的本质**

价键理论认为，共价键的形成是一种量子力学效应。相互重叠的原子轨道发生加强性干涉效应，使电子的平均动能显著降低，平均位能有所升高，破坏了原来存在于原子中的平衡，因而同时引起原子轨道的收缩效应和极化效应，使平均位能大幅度降低、平均动能大幅度上升，前者绝对值超过后者，导致体系能量进一步降低，而达到原子内新的平衡，这就是共价键的本质。

**（4）共价键的特征**

离子键和共价键的本质虽然都是电子的吸引和排斥，但离子键的形成是以电子的转移所产生的正、负离子作为基础的，而共价键是通过电子云的重叠，靠共用电子对与两个核之间的相互作用作为基础的。因此两种键之间有着明显的区别，其最重要的具体表现就是共价键有饱和性和方向性，而离子键没有饱和性和方向性。

① 饱和性 共价键是由原子间轨道重叠、原子共有电子对形成的，每种元素原子所能提供的成键轨道数和形成分子所需提供的未成对电子数是一定的，所以在共价分子中每个原子成键的总数或以单键邻接的原子数目也就一定，这就是共价键的饱和性。按价键理论，元素原子可能形成的共价键数与原子的价轨道数和价电子数有关，并不受 Lewis 八隅体的限制。

② 方向性 原子中 p、d、f 等原子轨道在空间有一定的取向（s 轨道例外）。形成共价键时，各原子轨道总是尽可能沿着电子出现概率最大的方向重叠成键，以尽量降低体系能量。这样，一个原子与周围原子形成的共价键就有一定的方向（或角度），这就是所谓共价键的方向性。

## 3.2.2 共价键的类型

由于成键原子的结构各不相同，反应的条件也有差异，因此，虽然同是共价键，但共用电子的方式也各不一样。

当相同两原子以共价键结合时，共用电子对均等地围绕两个原子核运动，即电荷分布是对称的，成键电子云的中心恰好在两个原子核中间，正、负电荷的重心是重合的，这种键称为非极性共价键。

当不同元素的原子构成共价键时，由于两个原子吸引电子的能力不同，成键电子云的中心将偏向于吸引电子能力较大的原子，这样就使得两个原子分别带上了较多的正电荷或负电荷。虽然正、负电荷的总数仍然相等，但正、负电荷的重心并不重合在一起。这样形成的共价键就是极性共价键。例如 HCl 分子中的键，就是极性共价键。形成极性共价键的两种原子吸引电子能力的差异有大有小，所以极性共价键也有强极性共价键（简称强极性键）与弱极性共价键（简称弱极性键）之分。

如按原子轨道重叠的方式不同，共价键可分为 $\sigma$ 键和 $\pi$ 键。

① $\sigma$ 键 原子轨道沿键轴方向"头碰头"方式重叠。轨道重叠部分沿键轴方向分布，对键轴呈圆柱形对称，可绕键轴旋转而不断裂，重叠部分较大，键较大。$\sigma$ 键中的 $\sigma$ 电子不活泼。$H-H$ 中的 s-s 重叠，$H-Cl$ 中的 $s-p_x$ 重叠，$Cl-Cl$ 中的 $p_x-p_x$ 重叠，都是形成 $\sigma$ 键。

② $\pi$ 键 原子轨道沿键轴方向"肩并肩"的方式重叠。原子轨道重叠部分垂直于键轴方向分布，对通过键轴的一个平面呈镜面反对称，不可绕轴旋转，重叠程度较小，键能较小。$\pi$ 键中的 $\pi$ 电子较活泼，能积极参与化学反应。$\pi$ 键有 $p_y-p_y$ 或 $p_z-p_z$ 重叠。单键为 $\sigma$ 键，如 $Cl-Cl$。双键含一个 $\sigma$ 键和一个 $\pi$ 键，如 $H_2C=CH_2$，$O=CCl_2$。三键含一个 $\sigma$ 键，两个 $\pi$ 键，如 $HC\equiv CH$，$N\equiv N$。

按成键电子对是否由单方提供，共价键可分为正常共价键和配位共价键。如果共价键是由成键两原子各提供 1 个电子配对成键的，称为正常共价键，如 $H_2$、$O_2$、HCl 等分子中的共价键。如果共价键的形成是由成键两原子中的一个原子单独提供电子对进入另一个原子的空轨道共用而成键的，这种共价键称为配位共价键。如 C 和 O 形成 CO 时，C 原子的电子排布式是 $1s^2 2s^2 2p_x^1 2p_y^1 2p_z^0$，O 原子的电子排布式是 $1s^2 2s^2 2p_x^1 2p_y^1 2p_z^2$。当 C 原子与 O 原子沿 $x$ 轴方向靠近时，$p_x$ 与 $p_x$ "头碰头"重叠形成 $\sigma$ 键，而 $p_y$ 与 $p_y$ 则"肩并肩"形成 $\pi$ 键。C 原子 $2p_z$ 轨道是空轨道，而 O 原子 $2p_z$ 上有一对孤对电子，可形成配位共价键。此配位共价键属于 $\pi$ 键，其结构式可表示为图 3-11 所示。

图 3-11　配位共价键结构式

·· 表示 π 键，长方框内的一对电子位于 O 的上方，表示由 O 单独提供成键电子对。由此可见，要形成配位共价键必须同时具备两个条件：一个是成键原子的价电子层有孤对电子；另一个成键原子的价电子层有空轨道。配位共价键的形成方式虽和正常共价键不同，但形成以后，两者是没有区别的。

### 3.2.3　杂化轨道理论

价键理论能较好地说明不少双原子分子（如 $H_2$、$Cl_2$、$N_2$、CO、HCl 等）的价键形成，随着近代物理技术的发展，许多分子的几何构型已经被实验所确定，但是运用价键理论去说明多原子分子的价键形成以及几何构型时，遇到了困难，说明价键理论是有局限性的，难以解释一般多原子分子的价键形成和几何构型问题。

**（1）杂化轨道理论要点**

为解释分子的空间结构（键长、键角），鲍林（Pauling）在价键理论中提出了杂化轨道（hybridization）的概念，并发展为杂化轨道理论，丰富和发展了价键理论。从电子具有波动性、波可以叠加的量子力学观点出发，他认为：在同一个原子中能量相近的不同类型（s，p，d…）的几个原子轨道波函数可以相互叠加而组成同等数目的能量完全相同的杂化原子轨道。

杂化轨道理论的要点如下：

① 某原子成键时，在键合原子的作用下，价层中若干个能级相近的原子轨道有可能改变原有的状态，混杂起来并重新组合成一组利于成键的新轨道（称杂化轨道），这一过程称为原子轨道的杂化（简称杂化）；

② 同一原子中能级相近的 $n$ 个原子轨道，组合后只能得到 $n$ 个杂化轨道；

③ 杂化轨道比原来未杂化的轨道成键能力强，形成的化学键键能大，使生成的分子更稳定。

**（2）杂化类型与分子的几何构型**

① sp 杂化轨道　由同一个原子内的 1 个 $ns$ 轨道和 1 个 $np$ 轨道发生的杂化，称为 sp 杂化，杂化后产生 2 个等同的 sp 杂化轨道，每一个 sp 杂化轨道中含有 1/2 个 s 轨道和 1/2 个 p 轨道的成分，如图 3-12 所示。因为 2 个 sp 杂化轨道间的夹角正好是 180°，所以分子具有直线形的空间结构。周期表ⅡB 族类 Zn、Cd、Hg 元素的某些共价键化合物，其中心原子也多采取 sp 杂化。

图 3-12　sp 杂化轨道

② $sp^2$ 杂化轨道　由 1 个 $ns$ 轨道和 2 个 $np$ 轨道发生的杂化，称为 $sp^2$ 杂化，杂化后组成 3 个等同的 $sp^2$ 杂化轨道，每一个 $sp^2$ 杂化轨道都含有 1/3 个 s 轨道和 2/3 个 p 轨道的成分。$sp^2$ 杂化轨道的形状和 sp 杂化轨道的形状类似，如图 3-13 所示，只是由于其所含的 s

轨道和 p 轨道成分不同，表现在形状上有所差异。成键时，都是以杂化轨道比较大的一头与 F 原子的成键轨道重叠而形成 3 个 σ 键。根据理论推算，3 个 $sp^2$ 杂化轨道间的夹角为 120°，所以呈平面三角形结构。采取 $sp^2$ 杂化的方式成键的分子有 $BF_3$ 气态分子，还有其他气态卤化硼分子以及 B 原子。

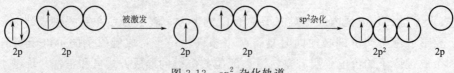

图 3-13　$sp^2$ 杂化轨道

③ $sp^3$ 杂化轨道　由同一个原子内的 1 个 $ns$ 轨道和 3 个 $np$ 轨道发生的杂化，称为 $sp^3$ 杂化，杂化后产生 4 个等同的 $sp^3$ 杂化轨道，每一个 $sp^3$ 杂化轨道含有 1/4 个 s 轨道和 3/4 个 p 轨道的成分。$sp^3$ 杂化轨道的形状也和 sp 杂化轨道的类似。成键时，都是以杂化轨道比较大的一头与 H 原子能的成键轨道重叠而形成 4 个 σ 键，如图 3-14 所示。$CH_4$ 分子就是 C 原子通过 4 个 $sp^3$ 杂化轨道与 4 个氢原子的 1s 轨道重叠成键而生成的。由于 4 个 $sp^3$ 杂化轨道间的夹角是 109.28°，所以呈正四面体结构。除了 $CH_4$ 分子外，$CCl_4$、$CF_4$、$SiH_4$、$SiCl_4$、$GeCl_4$ 等分子也是采取 $sp^3$ 杂化方式成键的。

图 3-14　$sp^3$ 杂化轨道

④ $sp^3d$、$sp^3d^2$ 杂化轨道　第三周期元素的原子由于 d 轨道能参与成键，所以还能生成由 s 轨道、p 轨道和 d 轨道组合的 $sp^3d$、$sp^3d^2$ 等杂化轨道。$PCl_5$、$SF_6$ 等分子中的 P、S 原子就是这方面的例子。在 $PCl_5$ 分子中，3 个 $sp^3d$ 杂化轨道互成 120°位于一个平面上，另外 2 个 $sp^3d$ 杂化轨道垂直于这个平面，所以该分子的空间构型为三角双锥形，如图 3-15 所示。在 $SF_6$ 分子中 6 个杂化轨道指向八面体的 6 个顶点，4 个杂化轨道在同一平面上夹角互成 90°，另外 2 个垂直于平面，所以该分子的空间构型为正八面体，如图 3-16 所示。

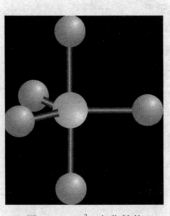

图 3-15　$sp^3d$ 杂化结构

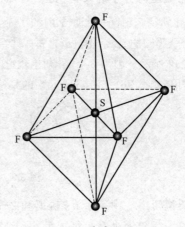

图 3-16　$sp^3d^2$ 杂化结构

上述 5 种杂化轨道是最常见的。需指出，不是任何原子轨道都可以相互杂化，只有那些能量相近的原子轨道在分子形成过程中才能有效地杂化。能量差别太大，则电子激发所需的能量不能为成键时释放出的能量所补偿，它们的杂化就难以实现了。因为杂化轨道的形状一头大、一头小，杂化轨道的成键能力大于未杂化的原子轨道。杂化过程中形成的杂化轨道数目等于参与杂化的原子轨道数目。不同类型的杂化方式导致杂化轨道的空间取向不同，决定了分子的空间构型。现把上述杂化形式简要归纳于表 3-1 中。

表 3-1　杂化轨道的类型和几何构型

| 杂化轨道 | 键角 | 分子几何构型 | 实例 |
|---|---|---|---|
| 2 个 sp | 180° | 直线形 | $BeCl_2$ |
| 3 个 $sp^2$ | 120° | 平面三角形 | $BF_3$ |
| 4 个 $sp^3$ | 109.28° | 正四面体形 | $CH_4$ |
| 5 个 $sp^3d$ | 90°，120° | 三角双锥形 | $PCl_5$ |
| 6 个 $sp^3d^2$ | 90° | 正八面体形 | $SF_6$ |

成键时，中心原子到底采取什么杂化方式，要看成键时能量是否最有利。**注意**：原子轨道的杂化只有在形成分子的过程中才会发生，孤立原子是不会发生杂化的。

除了上述杂化之外，轨道杂化还可以分为等性杂化和不等性杂化。

① 等性杂化　参与杂化的均为未成对电子占有的原子轨道。如 C 的 $sp^3$ 杂化，4 条 $sp^3$ 杂化轨道能量一致。

② 不等性杂化　参与杂化的不仅有未成对电子占有的原子轨道，也有不参与成键的孤对电子占有的原子轨道，故所得杂化轨道的能量和成分不完全相同。要注意的是判断分子的空间形状应以成键电子对的方向为准，所以 $H_2O$ 中的 O 原子虽然采取 $sp^3$ 不等性杂化方式，4 个电子对的方向大体指向四面体的顶角，但 $H_2O$ 分子的空间构型应该是 V 形。H—O—H 键角本应为 109°28′，但由于孤对电子的斥力，该角变小，为 104°45′。

同样可以解释 $H_2S$ 分子的空间构型为 V 形，∠HSH＝90°。$NH_3$ 和 $PH_3$ 分子的空间构型为三角锥形，∠HPH 小于∠HNH。

**注意**：等性杂化并不表示共价键等同，例如 $CHCl_3$ 分子中心 C 原子采取的是等性 $sp^3$ 杂化，但它的 3 个 C—Cl 键与 1 个 C—H 键并不等同，分子的空间构型不是正四面体。

## 3.2.4　分子晶体和原子晶体

分子晶体和原子晶体

通过共价键形成的分子叫作共价型分子，所生成的化合物叫作共价化合物。非金属元素之间的单质和化合物，以及绝大多数有机化合物都是通过共价键形成的。按照晶体结构的类型，由共价键构成的物质大致可分为两类：一类是分子型物质，另一类是原子型物质。

分子晶体是以共价型分子为基本结构质点，通过分子间吸引和排斥的相互作用联系起来所形成的晶体。分子晶体中晶格结点上排列的分子（也包括像稀有气体那样的单原子分子），可以是极性分子，也可以是非极性分子。分子间的作用力很弱，分子晶体具有较低的熔点、沸点，硬度小，易挥发，许多物质在常温下呈气态或液态，例如 $O_2$、$CO_2$ 是气体，乙醇、醋酸是液体。同类型分子的晶体，其熔点、沸点随分子量的增加而升高，例如卤素单质的熔点、沸点按 $F_2$、$Cl_2$、$Br_2$、$I_2$ 顺序递增；非金属元素的氢化物，按周期系同主族由上而下熔点、沸点升高；有机物的同系物随碳原子数的增加，熔点、沸点升高。但 HF、$H_2O$、$NH_3$、$CH_3CH_2OH$ 等分子间，除存在范德华力外，还有氢键的作用力，它们的熔点、沸点较高，在固态和熔融状态时都不导电。

分子组成的物质，其溶解性遵守"相似相溶"原理，极性分子易溶于极性溶剂，非极性分子易溶于非极性的有机溶剂，例如 $NH_3$、HCl 极易溶于水，难溶于 $CCl_4$ 和苯；而 $Br_2$、$I_2$ 难溶于水，易溶于 $CCl_4$、苯等有机溶剂。根据此性质，可用 $CCl_4$、苯等溶剂将 $Br_2$ 和 $I_2$ 从它们的水溶液中萃取、分离出来。分子晶体是由分子组成的。

另一类晶体物质是由无数的原子组成的，称为原子晶体。这种晶体中的基本结构质点是原子，各原子之间通过共价键结合。金刚石就是属于这一类型的物质。在金刚石晶体中（图 3-17），每个碳原子都被相邻的 4 个碳原子包围（配位数为 4），处在 4 个碳原子的中心，以 $sp^3$ 杂化形式与相邻的 4 个碳原子结合，成为正四面体的结构，由于每个碳原子都形成 4 个等同的 C—C 键（键长为 $1.55\times10^{-10}$ m，键角为 $109°28'$，键能相等），把晶体内所有的碳原子连接成一个整体。在这类晶体中是分辨不出单个分子的，只能把整个晶体看成为一个巨大的分子。由于碳原子之间的共价键非常牢固，要拆散这个结构，需要消耗很大的能量。金刚石是自然界硬度最大的单质，熔点高达 3550℃。其他如碳化硅（俗称金刚砂）、石英二氧化硅及晶体硅、单质硼等，都是原子型晶体物质，同样都具有很高的熔点和硬度。工业上常用金刚砂和金刚石作优质磨料。这些共价键物质，由于结构中不含有正、负离子，也很少有游离的可以自由移动的电子，因此，它们都是电的不良导体。

石墨也是原子晶体的一种，它是金刚石的同素异形体。与金刚石不同，它是电和热的良导体，在纸上轻轻划过，就会留下它的细小片状结晶。这种性质上的差异也是结构上的不同引起的。图 3-18 是石墨中碳原子的排列方式，与图 3-17 相比较就可以看出，在石墨晶体内，同一平面上的 1 个碳原子虽然以共价键和其他 3 个碳原子相连接，但面与面之间只存在分子间的作用，第一个碳原子都还有 1 个比较自由的未成键电子。

图 3-17　金刚石晶体的结构

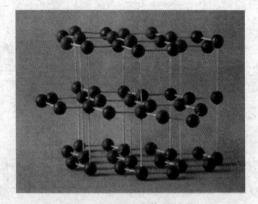

图 3-18　石墨晶体的结构

不同的原子晶体，原子的排列方式可能有所不同，即使排列方式相同，它们之间的键长、键角也有所不同，但原子间都是以共价键相结合的。共价键结合牢固，原子晶体的熔点、沸点高，硬度大，不溶于一般的溶剂，多数原子晶体为绝缘体，有些如硅、锗等是优良的半导体材料。原子晶体中不存在分子，用化学式表示物质的组成，单质的化学式直接用元素符号表示，两种以上元素组成的原子晶体，按各原子数目的最简比写化学式。常见的原子晶体是周期系第ⅣA族元素的一些单质和某些化合物，例如金刚石、硅晶体、$SiO_2$、$SiC$、B 等。对不同的原子晶体，组成晶体的原子半径越小，共价键的键长越短，即共价键越牢固，晶体的熔点、沸点越高，例如金刚石、碳化硅、硅晶体，其熔点、沸点依次降低，且原子晶体的熔点、沸点一般要比分子晶体和离子晶体高。

# 3.3 金属键

21 世纪初德鲁德（Drude）和洛伦茨（Lorentz）就金属及其合金中电子的运动状态，提出了自由电子模型，认为金属原子电负性、电离能较小，价电子容易脱离原子的束缚。这些价电子类似理想气体分子一样，在正离子之间可以自由运动，形成了离域的自由电子气。自由电子把金属正离子"胶合"成金属晶体。金属晶体中的金属键是由自由电子及排列成晶格状的金属离子之间的静电吸引力组合而成的。由于电子的自由运动，金属键没有方向性和饱和性。

金属键

## 3.3.1 金属键的改性共价键理论

在金属晶体中自由电子做自由运动，它不属于某个金属离子，而为整个金属晶体所共有。这些自由电子与全部金属离子相互作用，从而形成某种结合，这种作用称为金属键。由于金属只有少数价电子能用于成键，金属在形成晶体时，倾向于构成极为紧密的结构，使每个原子都有尽可能多的相邻原子（金属晶体一般都具有高配位数和紧密堆积结构），这样电子能级可以得到尽可能多的重叠，从而形成金属键。

上述假设模型叫作金属的自由电子模型，称为改性共价键理论。这一理论是 1900 年德鲁德（Drude）等人为解释金属的导电、导热性能所提出的一种假设。这种理论先后经过洛伦茨（Lorentz，1904）和佐默费尔德（Sommerfeld，1928）等人的改进和发展，对金属的许多重要性质都给予了一定的解释。但是，由于金属的自由电子模型过于简单化，不能解释金属晶体为什么有结合力，也不能解释金属晶体为什么有导体、绝缘体和半导体之分。

## 3.3.2 金属键的能带理论

金属键的能带理论是利用量子力学的观点来说明金属键的形成，因此，能带理论也称为金属键的量子力学模型。金属中相邻近的能带可以互相重叠，如铍（电子层结构为 $1s^2 2s^2$）的 2s 轨道已充满电子，2s 能带应该是个满带，似乎铍应该是一个非导体。但由于铍的 2s 能带和空的 2p 能带能量很接近而可以重叠，2s 能带中的电子可以升级进入 2p 能带运动，于是铍依然是一种有良好导电性的金属，并且具有金属的通性。

根据能带理论的观点，金属能带之间的能量差和能带中电子充填的状况决定了物质是导体、绝缘体还是半导体，即金属、非金属或准金属。如果物质的所有能带都全满（或最高能带全空），而且能带间的禁带很宽，这种物质将是一种绝缘体。如果一种物质的能带是部分被电子填充，或者有空能带且能量间隙很小，和相邻（有电子的）能带发生重叠，则它是一种导体。半导体的能带结构是满带，被电子充满，导带是空的，而禁带的宽度很窄，在低温时，由于满带上的电子不能进入导带，因此晶体不导电。由于禁带宽度很窄，在一定条件下，价带上的电子跃迁到导带上去，使原来空的导带也充填部分电子，同时在价带上留下空穴，使导带与原来的满带均未充满电子，所以能导电。

能带理论也能很好地说明金属的共同物理性质。向金属施以外加电场时，导带中的电子便会在能带内向较高能级跃迁，并沿着外加电场方向通过晶格产生运动，这就说明了金属的导电性。能带中的电子可以吸收光能，也能将吸收的能量发射出来，这就说明了金属是辐射能的优良反射体。电子也可以传输热能，表明金属有导热性。给金属晶体施加应力时，由于在金属中电子是离域（即不属于任何一个原子而属于金属整体）的，一个地方的金属键被破坏，在另一个地方又可以形成金属键，因此机械加工不会破坏金属结构，而仅能改变金属的外形，这就是金属有延性、展性、可塑性等共同的机械加工性能的原因。金属原子对于形成能带所提供的不成对价电子越多，金属键就越强，反映在物理性质上是熔点和沸点就越高，密度和硬度越大。

某些问题还难以利用能带理论说明，如某些过渡金属具有高硬度、高熔点等性质，有人认为原子的次外层电子参与形成了部分共价性的金属键。所以说，金属键理论仍在发展中。

### 3.3.3 金属键的本质

金属晶体中原子间的结合能较大。由单原子气态钠转化成晶态钠所放出的能量为 $108.8kJ/mol$，而分子间作用能一般只有 $10\sim20kJ/mol$，氢键的键能一般在 $50kJ/mol$ 上下。因此，金属中的结合力是一种较强的化学键。又因金属原子间并未形成典型的共价键，更不可能形成离子键，因此金属键是一种既不同于共价键又不同于离子键的特殊的化学键。

关于金属键的本质，最初是"古典自由电子论"，以后是由索莫菲尔德开创的建立在量子力学基础上的"自由电子理论"，在此基础上又发展了晶体的能带理论等。

综合关于金属键的各种理论，可以认为：金属键起源于金属原子的价电子共有化于整个金属分子，在典型的金属中，根本没有定域的双原子键，在形成金属键时，电子由原子能级进入晶体能级（能带），形成了离域的中心键，高度的离域使体系的能量较大，从而形成了一种强烈的吸引作用，这就是金属键的本质。

应该注意的是，金属晶体中形成金属键的离域电子的分布情况和共价分子中共价轨道上离域电子的分布情况又是不同的，这个问题从金属中电子运动的统计性质分析则更为清楚。自旋为半整数（如 1/2 等）的电子是"费米子"，故金属中的自由电子服从费米狄拉克（Fermi-Dirac）统计分布规律：

$$f(E) = \frac{1}{e^{\frac{E-E_f}{kT}} + 1} \tag{3-1}$$

式中，$f(E)$ 为电子在 $E$ 能级上占有的概率；$E_f$ 为费米能级；$k$ 为波尔兹曼常数；$T$ 为热力学温度。根据上式，当 $T=0K$ 时，有

$$\text{当} \begin{cases} E < E_f \\ E = E_f \\ E > E_f \end{cases} \quad \text{则} \begin{cases} f(E) = 1 \\ f(E) = \dfrac{1}{2} \\ f(E) = 0 \end{cases} \tag{3-2}$$

由 $f(E)$ 的行为可以看出，$E_f$ 起着限制电子运动范围的作用，是绝对零度（$T=0K$）时金属内电子的最大能量，即只有 0K 时，电子才能完全按能量最低原理充满整个低能级。当 $T>0K$ 时，比 $E_f$ 小的能级被电子占据的概率随能级升高逐渐减小，而比 $E_f$ 大的能级被电子占有的概率随能级的降低而逐渐增大。由此可见，在一般温度下，金属中的电子在能级上的分布情况是，绝大部分较低能级被电子充满，但当一部分较高的能级在未被完全充满时，就有电子占据更高能级了，这与共价轨道中离域电子是不同的。这不仅是金属具有良好导电性的原因，也说明了金属键和共价键有着根本的不同。

## 3.3.4 金属晶体

金属晶体是晶格结点上排列金属原子-离子时所构成的晶体。晶体中的原子-离子按金属键相互结合。对金属晶体结构测定的结果表明，绝大多数金属单质晶体堆积的结构类型为面心立方密堆积、六方密堆积和体心立方密堆积三种，如表 3-2 所示。只有极少数金属单质，如锡（Sn）、锗（Ge）、锰（Mn）等，为金刚石结构形式。

表 3-2    金属晶体中常见的三种结构类型

| 项目 | 体心立方晶格 | 面心立方晶格 | 密排六方晶格 |
| --- | --- | --- | --- |
| 配位数 | 8 | 12 | 12 |
| 常见金属 | Li Na K Rb Cs Ca Sr Ba Ti V Nb Ta Cr Mo W Fe | Ca Sr Cu Au Al Pb Ni Pd Pt | Be Mg Ca Sr CO Ni Zn Cd Ti |
| 结构示意图 | | | |
| 空间利用率 | 68.02% | 74.05% | 74.05% |
| 堆积形式 | 体心立方密堆积 | 面心立方密堆积 | 六方密堆积 |

金属晶体除了由单质金属原子组成外，还包括两种或两种以上金属原子形成的合金，它们也是由金属键结合在一起的。按结构特点，合金可分为金属固溶体和金属化合物。金属固溶体有间隙式和置换式两种，而金属化合物是由于合金中不同金属原子的半径、电负性及其单质的结构类型差别较大而形成的，一般可分为组成固定的"正常价化合物"和组成可变的"电子化合物"两类。

金属晶体的物理性质和结构特点都与金属原子之间主要靠金属键结合相关。金属可以形成合金，是其主要性质之一。金属单质及一些金属合金都属于金属晶体，例如镁、铝、铁和铜等。金属晶体中存在金属离子（或金属原子）和自由电子，金属离子（或金属原子）总是紧密地堆积在一起，金属离子和自由电子之间存在较强烈的金属键，自由电子在整个晶体中做自由运动，说明在金属晶体中没有形成由共价键连接的原子基团，晶粒是由分立的原子以近似于等径圆球形式堆积而成的，因此主要表现为以下一些性质。

### (1) 不透明和金属光泽

自由电子不受某种具有特征能量和方向的键的束缚，所以能够吸收并重新发射很宽波长范围的光线，从而使金属不透明并具有金属光泽。

**（2）良好的导电性和导热性**

自由电子在外场影响下可定向流动而形成电流，因此具有良好的导电性。由于自由电子在运动中不断和金属正离子碰撞而交换能量，当金属一端受热，加强了这一端离子的振动，自由电子就能把热能迅速传递到另一端，使金属具有好的导热性。

**（3）良好的延展性和可塑性**

由于自由电子的胶合作用，当晶体受到外力作用时，金属正离子间容易滑动而不断裂，所以金属经机械加工可压成薄片和拉成细丝。

除此之外，大多数金属晶体还具有较高的熔点和硬度。金属晶体中，金属离子排列越紧密，金属离子的半径越小，离子电荷越高，金属键越强，金属的熔点、沸点越高。例如第 3 周期金属单质：Al＞Mg＞Na；再如元素周期表中第ⅠA族元素单质：Li＞Na＞K＞Rb＞Cs。硬度最大的金属是铬，熔点最高的金属是钨。

## 📚 本章小结

　　本章从价键理论出发，阐述了离子键、共价键、金属键的形成原因与各自的特点，并介绍了常见离子键、共价键、金属键构成的晶体类型，使读者对价键理论有个系统的认识。

## 💡 知识拓展

化学键研究的意义

**📝 学习笔记**

## 👥 思考题

1. 在离子键形成过程中一定有电子得失吗？举例说明。
2. 在氯化钠晶体中氯离子和钠离子是如何结合的？
3. 共价键理论的基本要点是什么？共价键有何特征？
4. 如何应用价层电子对互斥理论推测某些分子的空间构型？
5. $CO_2$ 和 $SiO_2$ 各是什么类型的晶体？其晶体结构、物理性质有何不同？
6. 用金属键理论说明金属晶体导电导热的原因。
7. 为什么金属中 W 的熔点最高，而 Hg 的熔点最低？

# 第4章
# 晶体的基本知识

 知识目标

① 熟悉晶体和非晶体的区别。
② 掌握晶体的主要特性。
③ 掌握描述晶体微观结构的主要参数。
④ 掌握晶向、晶面的标定。
⑤ 了解七大晶系及其特点。
⑥ 掌握常见的几种晶体结构及其特点。

## 思政与职业素养目标

① 通过晶体美学欣赏，提升学生的人文素养。
② 培养学生的爱国情怀，增强民族自信。
③ 培养学生的自主学习能力。

## 4.1 晶体与非晶体

　　自然界中物质的存在状态有三种：气态、液态、固态。固体物质根据其内部结构，即微粒的排列形式可分为晶体和非晶体两类。晶体是经过结晶过程而形成的具有规则几何外形的固体，如金刚石、萤石等，如图4-1所示。晶体的晶粒在空间排列是长程有序的。所谓长程有序就是指固态物质的原子（或分子、离子）在空间至少在微米量级范围内，按一定的方式周期性地重复排列，如图4-2（a）所示。可以看出，每种质点（黑点或圆圈）在整个图形中各自都呈现规律的周期性重复。把周期重复的点用直线连接起来，可获得平行四边形网格，这种图形在晶体中始终有规律地排列着。与晶体对应的，原子或分子无规则排列，无周期性、无对称性的固体叫非晶体，如玻璃、橡胶等。非晶体不具有长程有序的特点，而是短程有序或者根本就无序。所谓的短程有序，是指近邻原子的数目和种类、近邻原子之间的距离（键长）、近邻原子配置的几何方位（键角）都与晶体相近，如图4-2（b）所示，在晶体中一种质点（黑点）周围的另一种质点（小圆圈）的排列是一样的。

(a) 金刚石

(b) 萤石

图 4-1　金刚石和萤石的几何外形

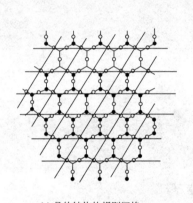
(a) 晶体结构的规则网格

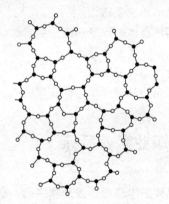
(b) 非晶体结构的无规则网格

图 4-2　晶体与非晶体结构

## 4.2　晶体的特性

晶体的特性及分类

如果将大量的原子聚集到一起构成固体，那么显然原子会有无限多种不同的排列方式。而在相应于平衡状态下的最低能量状态，则要求原子在固体中有规则地排列。若把原子看作刚性小球，按物理学定律，原子小球应整齐地排列成平面，又由各平面重叠成规则的三维形状的固体。

人们很早就注意一些具有规则几何外形的固体，如岩盐、石英等，并将其称为晶体。显然，这是不严格的，它不能反映出晶体内部结构本质。事实上，晶体在形成过程中，由于受到外界条件的限制和干扰，往往并不是所有晶体都能表现出规则外形；一些非晶体，在某些情况下也能呈现规则的多面体外形。因此，晶体和非晶体的本质区别主要并不在于外形，而在于内部结构的规律性。迄今为止，已经对 5000 多种晶体进行了详细的 X 射线研究，实验表明，组成晶体的粒子（原子、离子或分子）在空间的排列都是周期性的、有规则的，即长程有序；而非晶体内部的分布规律则是长程无序。

各种晶体由于其组分和结构不同，因而不仅在外形上各不相同，而且在性质上也有很大的差异。尽管如此，在不同晶体之间仍存在着某些共同的特征，主要表现在以下几个方面。

## 4.2.1　晶体的自限性

自限性是晶体在适当的条件下可以自发地形成几何多面体的性质。晶体为平的晶面所包围，晶面相交成直的晶棱，晶棱会聚成尖的角顶。晶体的多面体形态，是其格子构造在外形上的直接反映。

晶面的交线称为晶棱，晶棱互相平行的晶面的组合称为晶带，如图 4-3 中 a1b2。互相平行的晶棱的共同方向称为该晶带的带轴，晶轴是重要的带轴，如图 4-3 中 $OO'$。

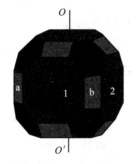

图 4-3　晶体中的晶棱和晶带

## 4.2.2　晶体的对称性

晶体是由原子或原子团在三维空间中规则地重复排列而成的固体。若对晶体实施某种操作，则会使晶体各原子的位置发生变化。所谓晶体的对称性，是指晶体的某些部分，通过一定的操作（如旋转、镜面）后，和原来的晶体位置重合，换句话说就是相同的部分可以通过一定的操作彼此重合起来，使图形恢复原来的形象，宏观性质在不同方向上有规律地重复出现，称这个操作为对称操作。对称操作所依赖的几何要素叫对称元素。

晶体的对称性可分为宏观对称性和微观对称性。前者指晶体的外形对称性，后者指晶体微观结构的对称性，晶体的对称性反映在晶体的几何外形和物理性质两个方面。实验表明，晶体的许多物理性质都与其几何外形的对称性相关，下面介绍最基本的对称操作：$n$ 度旋转对称轴。

众所周知，一正方形绕中心且与其垂直的轴旋转 $\pi/2$ 后，能够自身重合，这种轴称为旋转轴。如果晶体绕某一旋转轴旋转 $2\pi/n$ 后，仍能自身重合，则称其为 $n$ 度旋转对称轴。由于晶体的周期性的限制，$n$ 并不是取任何值都可以。

如图 4-4 所示，$A$、$O$、$B$ 是某一晶列上相邻的 3 个格点，周期为 $a$，如果绕过 $O$ 点垂直于晶列的转轴顺时针转 $\theta$ 角，$A$ 转到 $A_1$，晶体自身重合，则 $A_1$ 点必为一格点。再绕过 $O$ 点的转轴逆时针转 $\theta$ 角，晶体恢复到未转动时的状态，但此时 $B$ 处格点转到 $B_1$ 点，则 $B_1$ 处必为一格点。可以知道 $AB // A_1 B_1$，平行晶列具有相同的周期，则

$$A_1 B_1 = 2a\, |\cos\theta| \tag{4-1}$$

$$|\cos\theta| = k/2 \leqslant 1 \tag{4-2}$$

其中 $k$ 为正整数或零。

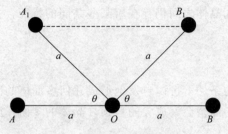

图 4-4　转换变动的示意图

① 当 $k=0$ 时　$|\cos\theta|=0$　　　　　$\theta=\pi/2,3\pi/2$　　　　　　　　$n=4$
② 当 $k=1$ 时　$|\cos\theta|=1/2$　　　$\theta=\pi/3,2\pi/3,4\pi/3,5\pi/3$　　　$n=3,6$
③ 当 $k=2$ 时　$|\cos\theta|=1$　　　$\theta=2\pi,\pi$　　　　　　　　　　$n=1,2$

因为顺时（或逆时）针转动 $4\pi/3$、$3\pi/2$、$5\pi/3$ 分别等价于逆时（或顺时）针转动 $2\pi/3$、$\pi/2$、$\pi/3$，所以晶格转动的独立转角为 $2\pi$、$\pi$、$2\pi/3$、$\pi/2$、$\pi/3$。

综合上述证明得：

$$\theta=\frac{2\pi}{n} \quad (n=1,2,3,4,6) \tag{4-3}$$

也就是说不具有 5 次或 6 次以上的旋转对称轴，如图 4-5 所示。不难设想，如果晶体中有 $n=5$ 的对称轴，则垂直于轴的平面上格点的分布至少应是五边形，但这些五边形不可能相互拼接而充满整个平面，从而不能保证晶格的周期性。

图 4-5　晶格中不可能存在五重轴示意图

现在，已经发现一些固体具有 5 次旋转对称轴，这些具有 5 次或 6 次以上旋转对称轴但又不具备周期性结构的固体，称为准晶体。

### 4.2.3　晶体固定的熔点

在一定的压力下将晶体加热，只有达到某一温度（熔点）时，晶体才开始熔化，如图 4-6（a）所示，在晶体没有全部熔化之前，即使继续加热，温度仍保持恒定不变，这时所吸收的热能都消耗在使晶体从固态转变为液态，直至晶体完全熔化后，温度才继续上升，这说明晶体都具有固定的熔点。例如常压下冰的熔点为 0℃，石英的熔点是 1470℃，单晶硅的熔点是 1420℃。非晶体则不同，如图 4-6(b) 所示，加热时先软化成黏度很大的物质，随着温度的升高黏度不断减小，最后成为流动性的熔体，从开始软化到完全熔化的过程中，温度是不断上升的，没有固定的熔点，只能说有一段软化的温度范围，例如松香在 50～70℃ 之间软化，70℃ 以上才基本上成为熔体。

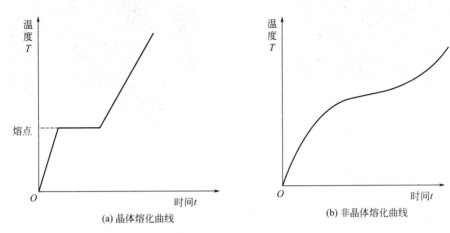

(a) 晶体熔化曲线　　　　　　　　　　　(b) 非晶体熔化曲线

图 4-6　晶体与非晶体的熔化曲线

### 4.2.4　晶体的均匀性

由于同一个晶体的各个不同部分，质点的分布是一样的，所以晶体的各个部分的物理性质与化学性质也是相同的，这就是晶体的均匀性。这是由晶体的格子周期性构造所决定的。

### 4.2.5　晶体的各向异性

一块晶体的某些性质，如光学性质、力学性质、导热性、导电性、溶解性等，从晶体的不同方向去测定时，常常是不同的。例如石墨晶体内，平行于石墨层方向比垂直于石墨层方向的热导率要大 4～6 倍，电导率要大万倍。晶体的这种性质称为各向异性。而非晶体是各向同性的。

晶体和非晶体性质上的差异，反映了两者内部结构的差别。应用 X 射线研究表明，晶体内部微粒（原子、离子或分子）的排列是有序的、有规律的，这样有次序的、周期性的排列规律贯穿于整个晶体内部，而且在不同方向上的排列方式往往不同，因而造成了晶体的各向异性，如图 4-7 所示。

### 4.2.6　晶体的解理性

当晶体受到敲打、剪切、撞击等外界作用时，有沿某一个或几个具有确定方位的晶面劈裂开来的性质。如固体云母（一种硅酸盐矿物）很容易沿自然层状结构平行的方向劈为薄片，晶体的这一性质称为解理性，这些劈裂面则称为解理面。自然界的晶体显露于外表的往往就是一些解理面，如图 4-8 所示。

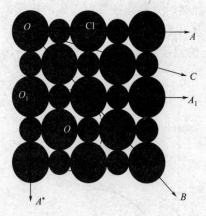

图 4-7　NaCl 晶体结构（100）面示意图

图 4-8　食盐的解理面

### 4.2.7　最小内能和稳定性

从气态、液态或非晶态过渡到晶态时都要放热，反之，从晶态转变为非晶态、液态或气态时都要吸热。这表明在相同的热力学条件下，与同种化学成分的气体、液体或非晶体相比，晶体的内能最小。即在相同的热力学条件下，以具有相同化学成分的晶体与非晶体相比，晶体是稳定的，内能是最小的，非晶体是不稳定的，后者有自发转变为晶体的趋势，因而结晶状态是一个相对稳定的状态。

### 4.2.8　X 射线衍射特性

晶体的宏观特性是由晶体内部结构的周期性决定的，即晶体的宏观特性是微观特性的反映。20 世纪初，结晶学上的重大进展是 X 射线衍射的发现。劳厄（Laue）首先提出，晶体可以作为 X 射线的衍射光栅。1912 年，得里希和尼平用实验证实了劳厄的想法。此后，布拉格（Bragg）父子及其他人，在实验和理论方面做了许多重要的改进工作，建立了 X 射线结构分析的许多方法，近代电子衍射和中子衍射是 X 射线衍射方法的发展。晶体结构的周期和 X 射线的波长差不多，作为三维光栅，使 X 射线产生衍射现象。X 射线衍射是了解晶体结构的重要实验方法。电子衍射和中子衍射对于 X 射线则是有力的补充。对于电子衍射，电磁波不仅受到晶格中的电子散射，还受到原子核的散射，所以散射很强。由于透射力很弱，它只能透入晶体内一个较短距离，适于研究晶体表面结构。而中子具有磁矩，它与固体中磁性电子可发生相互作用，故中子衍射适于研究磁性材料晶体结构。利用量子隧道效应进行晶体结构分析的扫描隧道显微镜，是最近 20 年发展起来的另一种新的晶体结构分析手段。

## 4.3　常见晶体的类型

晶体根据不同的结构和功能有很多种分类，晶体类型不同，表现出来的性能也大不相同，具体表现在结构、功能等方面。

## 4.3.1　晶体的分类

晶体按其结构粒子和作用力的不同可分为离子晶体、原子晶体、分子晶体、金属晶体和氢键晶体，根据功能不同可分为导体、半导体、绝缘体、磁介质、电介质和超导体。

物质存在的形式多种多样，如固体、液体、气体、等离子体等。从导电性能的角度，通常把导电、导热性差或不好的材料，如金刚石、人工晶体、琥珀、陶瓷等，称为绝缘体。而把导电、导热都比较好的金属，如金、银、铜、铁、锡、铝等称为导体。可以简单地把导电能力介于导体和绝缘体之间的材料称为半导体。半导体材料是一类具有半导体性能、可用来制作半导体器件和集成电路的电子材料，其电阻率为 $10^{-6} \sim 10^{10}\,\Omega \cdot cm$。半导体材料的电学性质对光、热、电、磁等外界因素的变化十分敏感，在半导体材料中掺入少量杂质可以控制这类材料的电导率。正是利用半导体材料的这些性质，才制造出功能多样的半导体器件。半导体材料是半导体工业的基础，它的发展对半导体技术的发展有极大的影响。与导体和绝缘体相比，半导体材料的发现是最晚的，直到 20 世纪 30 年代，当材料的提纯技术改进以后，半导体的存在才真正被学术界认可。

从晶体结构的角度，晶体还可以分为单晶和多晶。所谓单晶，就是整个晶体中质点在空间的排列为长程有序。单晶整个晶格是连续的，具有重要的工业应用价值。一个理想的晶体就是在三维空间里由完全相同的结构单元无间隙地、周期性地、重复地构建而成。这种无限重复的结构遍及整个晶体。单晶体是由一个晶核（微小的晶体）各向均匀生长而成的，其晶体内部的粒子基本上按照某种规律整齐排列。单晶硅就是单晶体。单晶体要在特定的条件下才能形成，而在自然界较少见（如宝石、金刚石等），但可人工制取。通常所见的晶体是由很多单晶颗粒杂乱地凝聚而成的，尽管每颗小单晶的结构是相同的，是各向异性的，但由于单晶之间排列杂乱，各向异性的特征消失，使整个晶体一般不表现出各向异性，这种晶体称为多晶体。多晶体没有贯穿整个晶体的结构，构成多晶的单晶晶粒的尺寸大多在厘米级至微米级范围。

单晶体与单晶体之间存在着结构的过渡，即存在着界面。而界面是一种缺陷，所以说多晶体中包含着许多缺陷。缺陷的存在影响着晶体的物理性质。由同种成分组成的单晶体和多晶体具有不同的性能。因此内在结构完全规则、无缺陷时被称为完整晶体。固体物理就是在研究了完整晶体（单晶体）的基础上，主要从研究近乎完整晶体中微量缺陷的作用而展开的。目前，固体物理已成为固体材料和固体器件的基础学科，是固体新材料和新器件的生长点。

## 4.3.2　常见半导体材料

常用的半导体材料分为元素半导体和化合物半导体。元素半导体是由单一元素制成的半导体材料，主要有硅、锗、硒等。20 世纪 50 年代，锗在半导体中占主导地位，但锗半导体器件的耐高温和抗辐射性能较差，到 60 年代后期逐渐被硅材料取代。用硅制造的半导体器件，耐高温和抗辐射性能较好，特别适宜制作大功率器件。因此，硅已成为应用最多的一种半导体材料，目前的集成电路大多数是用硅材料制造的。化合物半导体由两种或两种以上的元素化合而成。它的种类很多，如Ⅲ-Ⅴ族化合物（如砷化镓、磷化镓、磷化铟等）、Ⅱ-Ⅵ族化合物（如硫化镉、硒化镉、碲化锌、硫化锌等）、Ⅳ-Ⅵ族化合物（如硫化铅、硒化铅等）、Ⅳ-Ⅳ族化合物（如碳化硅）、氧化物（锰、铬、铁、铜的氧化物）。其中砷化镓是制造微波器件和集成电路的重要材料。碳化硅由于其抗辐射能力强、耐高温和化学稳定性好，在航天技术领域有着广泛的应用。

半导体按照其制造技术可以分为集成电路器件、分立器件、光电半导体、逻辑 IC、模拟 IC、储存器等几大类；按照其所处理的信号，可以分成模拟类、数字类、模拟数字混合类等。

### 4.3.3　半导体的掺杂

本征半导体是指不含杂质且无晶格缺陷的半导体。在极低温度下，半导体的价带是满带，受到热激发后，价带中的部分电子会越过禁带进入能量较高的空带，空带中存在电子后成为导带，价带中缺少一个电子后形成一个带正电的空位，称为空穴。导带中的电子和价带中的空穴合称电子-空穴对。电子和空穴统称为载流子，它们在外电场作用下产生定向运动而形成宏观电流，分别称为电子导电和空穴导电。这种由于电子-空穴对的产生而形成的混合型导电称为本征导电。导带中的电子会落入空穴，电子-空穴对消失，称为复合。复合时释放出的能量变成电磁辐射（发光）或晶格的热振动能量（发热）。在一定温度下，电子-空穴对的产生和复合同时存在并达到动态平衡，此时半导体具有一定的载流子密度，从而具有一定的电阻率。温度升高时，将产生更多的电子-空穴对，载流子密度增加，电阻率减小。无晶格缺陷的纯净半导体的电阻率较大，实际应用不多。

在高纯半导体材料中掺入适当杂质后，由于杂质原子提供导电载流子，使材料的电阻率大为降低。这种掺杂半导体常称为杂质半导体。在一种具有 4 个价电子的半导体材料中，当把具有 3 个价电子的元素作为杂质掺入其中时，就形成了 P 型半导体；如果在一种具有 4 个价电子的半导体材料中，把具有 5 个价电子的元素作为杂质掺入其中时，就形成了 N 型半导体。N 型半导体靠导带电子导电，P 型半导体靠价带空穴导电。采用不同的手段在 P 型硅的一面掺入五价的元素磷，形成 N 型层，就构成了硅太阳电池的核心部件 PN 结。因电子（或空穴）浓度差而产生扩散，在接触处形成位垒，因而这类接触具有单向导电性。利用 PN 结的单向导电性，可以制成具有不同功能的半导体器件，如二极管、三极管、晶闸管等。此外，半导体材料的导电性对外界条件（如热、光、电、磁等因素）的变化非常敏感，据此可以制造各种敏感元件，用于信息转换。半导体材料的特性参数有禁带宽度、电阻率、载流子迁移率、非平衡载流子寿命和位错密度等。禁带宽度由半导体的电子态、原子组态决定，反映组成这种材料的原子中价电子从束缚状态激发到自由状态所需的能量。电阻率、载流子迁移率反映材料的导电能力。非平衡载流子寿命反映半导体材料在外界作用（如光或电场）下内部载流子由非平衡状态向平衡状态过渡的弛豫特性。位错是晶体中最常见的一类缺陷。位错密度用来衡量半导体材料晶格完整性的程度，对于非晶态半导体材料，则没有这一参数。半导体材料的特性参数不仅能反映半导体材料与其他非半导体材料之间的差别，更重要的是能反映各种半导体材料之间，甚至同一种材料在不同情况下其特性的量值差别。

## 4.4　空间点阵和晶胞

### 4.4.1　晶体的微观描述

#### （1）晶体结构

晶体是由大量相同或不同的原子构成的，这些粒子按一定的规律排列组成晶体。晶体中原子排列的具体形式称为晶体结构，如图 4-9 所示。

空间点阵和晶胞

**注意**：不同晶体原子规则排列的具体形式可能是不同的（如 Fe、Co），也可能是相同的（如 Fe、Na）；而同种晶体原子规则排列的具体形式也具有上述情况，如 Fe、C 的同素异构转变。

**（2）阵点、空间点阵、晶格**

为了便于了解晶体的结构，做如下假设：晶体中的原子被看作是不动的刚性小球，而且晶体中不含各种缺陷（理想晶体）；同时把这些刚性小球抽象成一些几何点。上述这些抽象的几何点叫作阵点或格点，由这些阵点组成的空间排列叫作空间点阵，如图 4-10 所示。

图 4-9  微粒按一定的规律排列组成晶体

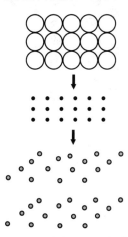

图 4-10   阵点和空间点阵

对于格点的选取，其位置既可以是原子或分子的中心，也可以是相同原子群的中心，还可以是代表数种原子组成晶体中的结构单元的重心，并且格点的周围环境必须相同，如图 4-11 所示。

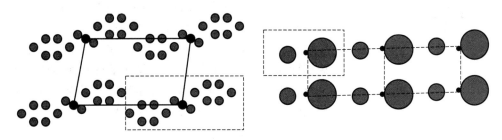

图 4-11   格点的选取

为了表达空间点阵的几何规律，可以用许多相互平行的直线将阵点连接起来，且格点包括无遗，从而构成一个三维的几何格架，这种格架叫作空间格子或晶格或布喇菲格子，如图 4-12 所示。

**注意**：在给定的空间点阵中，阵点的位置是一定的，但通过阵点连成的晶格则因连接方法不同而有不同形式。即阵点是空间点阵的基本要素，但晶格却可以人为地选定，如图 4-13 所示。

当用适当的直线把点阵描绘成空间格子时，便可以认为点阵是由具有代表性的基本单元（通常选取一个最小的平行六面体）组成的，将这一单元在三维空间重复堆砌，即可构成空间点阵。这说明晶体具有周期性。

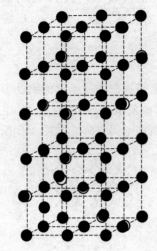

图 4-12　空间格子或晶格或布喇菲格子

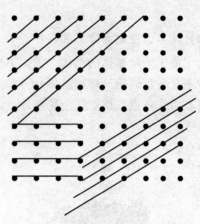

图 4-13　阵点不同方向的连接

## 4.4.2　晶格的周期性

由于晶格可以看作一个平行六面体在三维空间重复堆砌而成，因此所有晶格的共同特点是具有周期性。通常用原胞、晶胞和基矢来描述晶格的周期性。

### （1）原胞

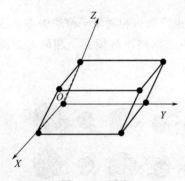

图 4-14　原胞

某一方向两相邻阵点的距离称为该方向上的周期。以一个格点为顶点，以 3 个不同方向的周期为边长的平行六面体可以作为晶格的一个重复单元，该单元仅在平行六面体的 8 个顶角上存在阵点，是晶格中体积最小的重复单元，称为原胞或初级晶胞，如图 4-14 所示。

原胞的选取不是唯一的（图 4-15），原则上只要是最小周期性单元都可以，也就是说仅在平行六面体的 8 个顶角上存在阵点，但原胞的体积都相等，且原胞仅反映晶格的周期性，不能反映晶体的对称性。为了反映晶体的对称性，需要引入晶胞的概念。

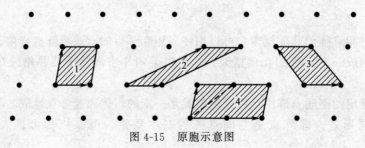

图 4-15　原胞示意图

### （2）晶胞

除了微观结构的周期性外，每种晶体还有其特殊的宏观对称性。在结晶学中既能反映晶体的周期性，又能反映其对称性的特征，通常不一定取最小的结构单元作为重复单元，而是按对称性特点选取其结构单元，通常是最小单元的数倍，称为晶胞。因此，对于晶胞，格点可能分布在顶点上，也可能位于体心、面心或其他位置上，反之，对于原胞，格点只能位于顶点。

**（3）基矢与点阵常数**

在选取的平行六面体中，3 个不同方向的边长矢量称为基矢。以 $a_1$、$a_2$、$a_3$ 表示原胞的基矢，$a$、$b$、$c$ 表示晶胞的基矢。3 个基矢的长度和 3 个基矢之间的夹角 $\alpha$、$\beta$、$\gamma$ 是描述这个点阵的基本参数。3 个基矢的长度统称为点阵常数。

以原胞为例，$i$、$j$、$k$ 表示基矢的单位矢量，则有 $a_1 = a_1 i$，$a_2 = a_2 j$，$a_3 = a_3 k$，$a = ai$，$b = bj$，$c = ck$。

**（4）威格纳-塞兹原胞**（WS 原胞）

从一选定的格点到它的所有最近邻及次近邻格点连线的垂直平分面所围成的多面体，称为威格纳-塞兹原胞，如图 4-16 所示。WS 原胞保持原晶体所具有的一切对称性，并且仅含有一个格点，因此它具有和原胞一样的体积，如图 4-17 所示。

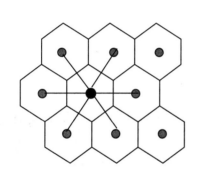

图 4-16　二维六方格子的 WS 原胞

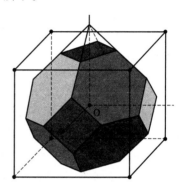

图 4-17　体心立方格子的 WS 原胞

## 4.4.3　晶列、晶向、晶面

晶向和晶面

**（1）晶列**

晶体的一个基本特点是具有方向性，即各向异性。沿晶格的不同方向晶体性质不同，通过晶格任意两格点作一直线，这一直线称为晶列，如图 4-18 所示。晶列上的格点具有一定的周期，如果一平行直线族把格点包括无遗，且每一直线上都有格点，则称这些直线为同一族晶列。这些直线上格点的周期都相同。因此，一族晶列具有以下两个特征：①取向一致；②晶列上格点的周期相同。同时在一个平面内，相邻晶列之间的距离必定相等。

**（2）晶向**

在晶格中，每一个晶列定义了一个方向，称为晶向，利用晶向指数来表示。

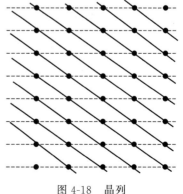

图 4-18　晶列

晶向指数的标定：

① 以晶胞的某一阵点为原点，3 个基矢方向为坐标轴，并以点阵基矢的长度分别作为 3 个坐标的单位长度；

② 过原点作一直线，使其平行于待标定的晶向，且方向一致；

③ 在直线上选取距原点最近的格点，确定该格点的 3 个坐标值；

④ 将这 3 个值乘以公倍数，化简为最小整数 $l_1$、$l_2$、$l_3$，加上方括号，则 $[l_1l_2l_3]$ 即为 $AB$ 晶向的晶向指数。

**【例 4-1】**  如图 4-19 所示，求简单立方结构中 $DC$ 晶向指数。

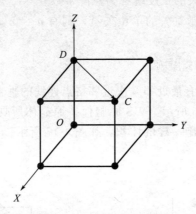

图 4-19  【例 4-1】图

**解**：在坐标系中，$DC$ 的晶向指数为 $[110]$。

**注意**：①当指数涉及负值时，按惯例负值的指数是在数字上面加一横，如某点 $P$ 的坐标为 $(-1, 1, 0)$，则 $OP$ 的晶向指数为 $[\bar{1}10]$。

② 建立不同的坐标系，所标定的晶向指数数字相同，但数字的正负不同。

③ 晶向指数表示的是一组相互平行、方向一致的直线。若两直线相互平行但方向相反，则它们的晶向指数数字取相反数。

晶向指数的另一标定方法——数学法：确定了原点和 3 个基矢，然后确定所要标定晶向两端的坐标值，设格点 $A(x_1, x_2, x_3)$ 和另一格点 $B(x'_1, x'_2, x'_3)$，则晶向 $AB$ 的指数为 $[x'_1-x_1, x'_2-x_2, x'_3-x_3]$，即

$$\boldsymbol{AB} = (x'_1-x_1)\boldsymbol{i} + (x'_2-x_2)\boldsymbol{j} + (x'_3-x_3)\boldsymbol{k} \tag{4-4}$$

**【例 4-2】**  如图 4-20 所示，已知简单立方结构中的晶格常数 $a$，$AA_1 = BB_1 = a/3$，试确定 $BA$ 的晶向指数。

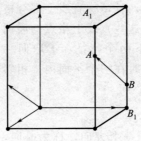

图 4-20  【例 4-2】图

**解**：$A(1,1,2/3)$ 和 $B(0,1,1/3)$，则 $BA$ 的指数为 $(1,0,1/3)$，乘以最小公倍数，得到 $BA$ 的晶向指数 $[301]$。

【**例 4-3**】　如图 4-21 所示，在立方体中，$a=i$，$b=j$，$c=k$，$D$ 是 $BC$ 的中点，求 $BE$、$AD$ 的晶向指数。

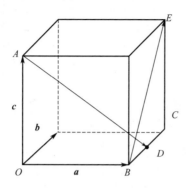

图 4-21　【例 4-3】图

**解**：① $OB=i$，$OE=i+j+k$，则

$$BE=OE-OB=j+k$$

晶列 $BE$ 的晶向指数为 $[011]$。

② $OA=k$，$OD=i+\dfrac{1}{2}j$，则

$$AD=OD-OA=i+\frac{1}{2}j-k$$

$AD$ 的晶向指数为 $[21\bar{2}]$。

对于晶向指数的书写如右式所示：　晶向 $[11\bar{1}]$
晶向 $(11\text{-}1)$
晶向 $[11\text{-}1]$
晶向 $(111)$

在晶向的标定过程中，通过图 4-22 可以发现，在立方结构中，存在 4 条体对角线，8 个不同晶向：

$$[111],[1\bar{1}\bar{1}],[\bar{1}\bar{1}1],[\bar{1}\bar{1}\bar{1}],[\bar{1}\bar{1}\bar{1}],[1\bar{1}1],[\bar{1}11],[11\bar{1}]$$

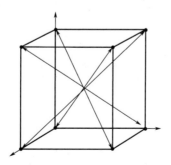

图 4-22　晶向标定过程

由于晶体的对称性，这一组晶向在性质上是等同的，因此称性质相同的晶向为晶向族（或等效晶向），用角括号表示：$\langle l_1 l_2 l_3 \rangle$，如图 4-23 和图 4-24 所示。

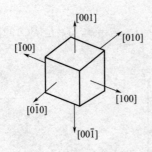

图 4-23　〈100〉及其等效晶向

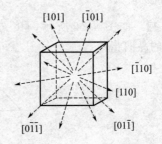

图 4-24　〈110〉及其等效晶向

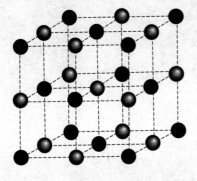

图 4-25　晶面

**(3) 晶面**

再假设所有的格点都分布在相互平行的一组平面上，这样的平面称为晶面，如图 4-25 所示。这一组晶面平行等距，其特征有二：①晶面的方位相同；②晶面的间距相等。所谓晶面的方位就是说在具体讨论晶体时，常常要谈到某些具体晶面，因此，需要有一定的方法来标识不同位置的晶面。

为了描述晶面的方向，可采用晶面指数。晶面指数又称为密勒指数。

晶面指数是这样确定的：

① 找出晶面在 3 个晶轴上的以点阵常数为单位的截距；

② 取这些截距的倒数，然后化成与之具有同样比例的 3 个最小整数比 $hkl$，用圆括号括起来（$hkl$），（$hkl$）就是密勒指数，即晶面指数；

③ 如果晶面与某晶轴的截距为无穷大，相应的指数为 0；

④ 如果一个晶面的截距在原点的负侧，则在相应指数的顶上加"—"号。

【例 4-4】　某一晶面，在 3 个晶轴上 $a_1$、$a_2$、$a_3$ 的截距分别为 4、1、2，则倒数分别为 1/4、1、1/2，与之具有同样比例的 3 个最小整数为 1、4、2，即

$$\frac{1}{4} : 1 : \frac{1}{2} = \frac{1}{4} : \frac{4}{4} : \frac{2}{4} = 1 : 4 : 2$$

（142）就是这个晶面的晶面指数。

【例 4-5】　某一晶面，在三个晶轴上 $a_1$、$a_2$、$a_3$ 的截距分别是 1/2、-1/3、1，它们的倒数分别为 2、-3、1，即

$$\frac{1}{\frac{1}{2}} : \frac{1}{-\frac{1}{3}} : 1 = \frac{2}{1} : \frac{-3}{1} : \frac{1}{1} = 2 : -3 : 1$$

（2$\bar{3}$1）就是这个晶面的晶面指数。

在晶体中，某些晶面的性质是相同的，它们的晶面指数数字相同但排列顺序不同，这些晶面称为同一晶面族（或等效晶面），用 ｛$hkl$｝ 表示，如图 4-26 ｛100｝、｛111｝等。

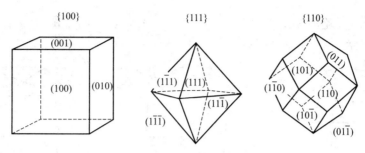

图 4-26  立方晶格中的等效晶面

### 4.4.4  晶体结构的分类

根据晶体的晶格常数、基矢和基矢之间夹角的特点，可以将晶体分为 7 大晶系（图 4-27），它们是三斜晶系、单斜晶系、正交晶系、四角晶系、立方晶系、三角晶系和六方晶系。按照晶胞上格点的分布特点，7 大晶系又分为 14 种布喇菲格子，如表 4-1 和图 4-28 所示。

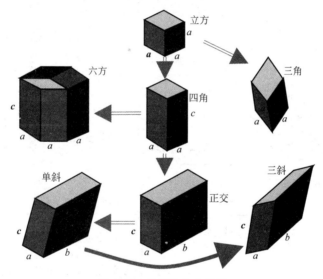

图 4-27  晶体的 7 大晶类

**表 4-1  三维空间的 14 种点阵**（布喇菲格子）

| 晶系 | 点阵数目 | 点阵类型 | 对惯用晶胞的轴和角的限制 | |
|---|---|---|---|---|
| 三斜 | 1 | 初基 | $a \neq b \neq c$ | $\alpha \neq \beta \neq \gamma$ |
| 单斜 | 2 | 初基、底心 | $a \neq b \neq c$ | $\alpha = \gamma = 90° \neq \beta$ |
| 正交 | 4 | 初基、底心、体心、面心 | $a \neq b \neq c$ | $\alpha = \beta = \gamma = 90°$ |
| 四角 | 2 | 初基、体心 | $a = b \neq c$ | $\alpha = \beta = \gamma = 90°$ |
| 立方 | 3 | 初基、体心、面心 | $a = b = c$ | $\alpha = \beta = \gamma = 90°$ |
| 三角 | 1 | 菱形 | $a = b = c$ | $\alpha = \beta = \gamma < 120°, \neq 90°$ |
| 六方 | 1 | 初基 | $a = b \neq c$ | $\alpha = \beta = 90° \; \gamma = 120°$ |

取 $a$、$b$、$c$ 为晶胞的 3 个方向基矢，$\alpha$、$\beta$、$\gamma$ 分别为 $b$ 与 $c$、$a$ 与 $c$、$a$ 与 $b$ 之间的夹角，如图 4-29 所示。

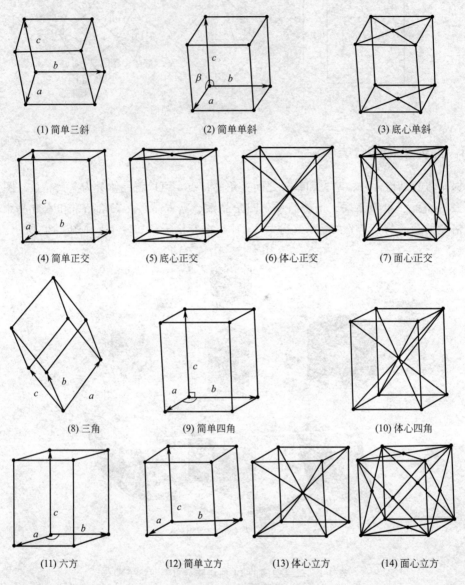

(1) 简单三斜　　　　　　　(2) 简单单斜　　　　　　　(3) 底心单斜

(4) 简单正交　　　(5) 底心正交　　　(6) 体心正交　　　(7) 面心正交

(8) 三角　　　　　(9) 简单四角　　　　　　(10) 体心四角

(11) 六方　　　(12) 简单立方　　　(13) 体心立方　　　(14) 面心立方

图 4-28　14 种布喇菲格子

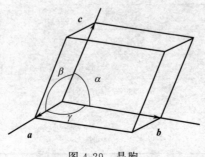

图 4-29　晶胞

根据晶体对称的特点，把属于同一对称型的晶体归为一类，称为晶类。晶体中存在 32 个对称型，亦即有 32 个晶类。把 32 个对称型归纳为低级晶族、中级晶族、高级晶族，如表 4-2 所示。

表 4-2 各晶系的对称性分布

| 晶族 | 包含的晶系 | 对称性强弱 |
| --- | --- | --- |
| 高级晶族 | 立方晶系 | 对称性最高 |
| 中级晶族 | 六方、四角、三角晶系 | 对称性较弱 |
| 低级晶族 | 正交、单斜、三斜晶系 | 对称性最弱 |

在结晶学和矿物学的研究中，熟练地掌握 3 个晶族、7 个晶系、14 种布喇菲格子、32 个对称型，以及整个晶体分类体系及其划分依据，是十分必要的。

## 4.4.5 常见的晶体结构

下面以一些典型的晶格实例来介绍原胞和晶胞的选取及其基本特征。

典型的晶体结构

**（1）简单立方结构**

把晶格设想成为原子球的规则堆积，有助于比较直观地理解晶格的组成。如图 4-30 所示，在一个平面内，原子球规则排列的一种最简单的形式，可以形象地称为正方排列。如果把这样的原子层叠起来，各层的球完全对应，就形成所谓的简单立方晶格。

图 4-30 简单立方晶格

实际上，没有一种晶体具有简单立方晶格的结构，但是一些更复杂的晶格可以是几个简单立方结构的叠加，可以在简单立方晶格基础上对它加以分析。简单立方晶格的原子球心形成一个三维的立方格子的结构，图 4-31(a) 表示这种晶格结构，它表示出这个格子的一个典型单元，用黑点表示所在的位置就是原子球心的位置，原子只分布在边长为 $a$ 的立方体的 8 个顶角上，这种结构的原胞与晶胞的选取方式是相同的。原子都是仅分布在立方体的 8 个顶角上。从整个晶格来看，对于一个晶胞，每个原子为 8 个晶胞所共有，平均说来每个晶胞包含一个原子 $\left(8 \times \dfrac{1}{8}=1\right)$。晶胞的体积可以认为是一个原子所"占据"的体积，这样的晶胞显然也是最小的重复单元，所以对于简单立方晶格来说，其晶胞与原胞相同，设 $a_1$、$a_2$、$a_3$ 表示原胞基矢，$a$、$b$、$c$ 表示晶胞基矢，则 $a_1=a$、$a_2=b$、$a_3=c$。整个晶格可以看作是这样一个典型单元沿着 3 个方向重复排列构成的结果。

**（2）体心立方结构**

如图 4-32 所示，体心立方结构除了在顶角处有原子外，在体心位置还有一个原子。3 个方向的棱长均相等。

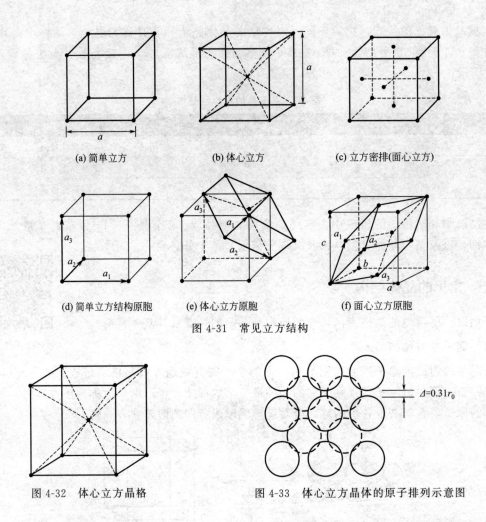

图 4-31　常见立方结构

(a) 简单立方　　(b) 体心立方　　(c) 立方密排(面心立方)

(d) 简单立方结构原胞　　(e) 体心立方原胞　　(f) 面心立方原胞

图 4-32　体心立方晶格　　　　图 4-33　体心立方晶体的原子排列示意图

　　原子在每一层的排列与简单立方结构相同，原子球在每一层仍然是正方排列，区别在于层与层中原子球的堆积方式不同。体心立方结构的堆积方式是上面一层原子球对准下面一层的空隙。呈现 $ABABAB\cdots$ 形式，如图 4-33 所示。由于简单立方结构中的最大间隙不足以放入一个原子，而为了保证每一层原子球的原子间距等于层面内相邻原子之间的间距，所放入的体心原子必然撑开层中相切的原子，导致每一层原子球的正方排列并不是紧密靠在一起的，原子球之间存在间隙。

　　设原子球的半径为 $r_0$，则每层面内相邻原子球之间的间隙为：

$$\Delta = \sqrt{\frac{(4r_0)^2}{3}} - 2r_0 = 0.31r_0 \tag{4-5}$$

　　对于整个晶格来说，顶角上的原子和体心上的原子是等同的。但体心立方的一个晶胞包含有两个原子，而原胞要求只包含一个基元，因而通常选取具有下面的原胞基矢：

$$\begin{cases} \boldsymbol{a}_1 = \dfrac{a}{2}(-\boldsymbol{i}+\boldsymbol{j}+\boldsymbol{k}) \\[2mm] \boldsymbol{a}_2 = \dfrac{a}{2}(\boldsymbol{i}-\boldsymbol{j}+\boldsymbol{k}) \\[2mm] \boldsymbol{a}_3 = \dfrac{a}{2}(\boldsymbol{i}+\boldsymbol{j}-\boldsymbol{k}) \end{cases} \tag{4-6}$$

这样选取的初基原胞体积为 $\boldsymbol{a}_1(\boldsymbol{a}_2\times\boldsymbol{a}_3)=a^3/2$。原胞如图 4-31(b) 和（e）所示，仅在原胞顶角上置有原子，故每个原胞只包含一个原子。碱金属 Li、Na、K、Rb、Cs 以及过渡金属 $\alpha$-Fe、Cr、Mo、W 等属于体心立方结构。

**（3）密堆积结构**

由以上讨论可知，简单立方结构和体心立方结构并不是最紧密的堆积方式。原子若要构成最紧密的堆积方式，原子球必须与同一平面内相邻的 6 个原子球相切，如此排列的一层原子称为密排面，如图 4-34 所示。要达到最紧密堆积，相邻原子层也必须为密排面，而且原子球心必须与相邻原子层的空隙相重合。在这里，把最紧密的堆积称为密堆积，而空隙分为两种不同的位置。

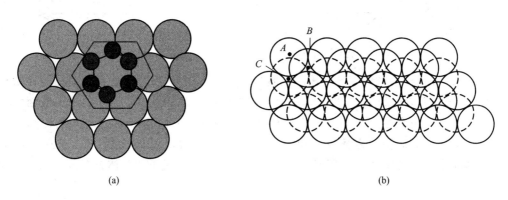

(a)                                    (b)

图 4-34　密堆积结构示意图

在最紧密堆积中，一层原子的球心对准另一层的球隙，如图 4-34 所示。密排原子层的间隙可以分为两套，因此存在两种密堆积结构。把某一层的原子球心排列位置记为 $A$，两套不同的球隙的排列位置分别用 $B$ 和 $C$ 表示，则有两种不同的密堆积晶格：

$ABABABAB\cdots$

$ABCABCABC\cdots$

具有 $ABAB\cdots$ 堆积方式的晶格为密排六方结构。

具有 $ABCABC\cdots$ 堆积方式的晶格为面心立方结构。

① 面心立方结构　面心立方晶格的晶胞由 8 个原子构成一个立方体，在立方体 6 个面的中心各有一个原子，晶胞角上的原子为相邻的 8 个晶胞所共用。在面心立方的晶胞中，6 个面心上的原子和顶角上的原子是等同的。由于从整个晶格来看，每个面心上的原子为相邻的 2 个晶胞所共有，因而只有 1/2 属于该晶胞，故每个晶胞含有 4 个原子。而在固体物理学中，原胞的基矢的选取通常如图 4-31(c) 和（f）所示，具体公式如下：

$$\begin{cases} \boldsymbol{a}_1=\dfrac{a}{2}(\boldsymbol{j}+\boldsymbol{k}) \\[2mm] \boldsymbol{a}_2=\dfrac{a}{2}(\boldsymbol{k}+\boldsymbol{i}) \\[2mm] \boldsymbol{a}_3=\dfrac{a}{2}(\boldsymbol{i}+\boldsymbol{j}) \end{cases} \tag{4-7}$$

同理，可以算出每个原胞的体积为 $a^3/4$。面心立方晶格实际上是一种密堆积结构。贵金属 Cu、Ag、Au 及 Pb、Ni、Al 等属于面心立方结构。

图 4-35 表示面心立方结构的原子密排面。图 4-36 表示面心立方晶胞（Cu、Ag、Al 等）。可以发现在面心立方结构中，每个原子和最近邻的原子之间都是相切的。若原子半径为 $r$，则点阵常数为：

$$a = 2\sqrt{2}\,r \tag{4-8}$$

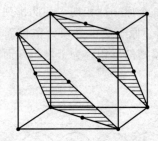

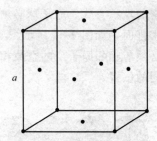

图 4-35　面心立方结构的原子密排面　　　　　图 4-36　面心立方晶胞

② 密排六方结构　密排六方结构的晶胞如图 4-37 所示，其形状为一六角柱体，晶胞中 12 个原子分布在六方体的 12 个角上，在上下底面的中心各分布一个原子，上下底面之间均匀分布 3 个原子。它是由两个简单六方结构套构而成的。如图 4-37 所示，该结构的晶胞一般采用四坐标系讨论，点阵常数为 $a$ 和 $c$。若原子半径为 $R$，则点阵常数为 $a = 2R$，根据密排六方结构的特点，底面中心的原子和中间层的 3 个原子组成正四面体，则该正四面体的高 $h$ 求解如下：

$$h^2 = (2R)^2 - \left[\frac{2}{3}\sqrt{(2R)^2 - (R)^2}\right]^2 \tag{4-9}$$

又 $c = 2h$，代入上式，得 $c/a = 1.633$。

它是一种典型的密堆积结构，即为密排六方结构。Be、Mg、Ti、Zn 等约 30 种金属元素属于密排六方结构。图 4-38 为密排六方晶胞的密堆积示意图。

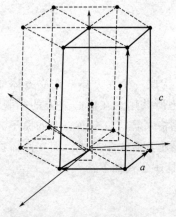

图 4-37　密排六方晶胞　　　　　　　图 4-38　密排六方晶胞的密堆积示意图

### (4) 复式结构

如图 4-39 所示，在氯化铯结构中，在顶角上是 $Cl^-$，在体心上是 $Cs^+$。但 $Cl^-$ 和 $Cs^+$ 各自组成简单立方格子，因此可以把氯化铯结构看作两个简单立方格子沿体对角线位移 1/2

的长度套构而成。同时可以发现在氯化铯结构中，其晶胞含有一个 $Cl^-$ 和一个 $Cs^+$，而且原胞和晶胞重合，即原胞内含有两个性质不同的粒子，该结构被称为复式晶格。根据以上分析，可以把晶格分为简单晶格和复式晶格两类。在简单晶格中，晶胞中所有原子周围情况是相同的，并且每一个原胞含有一个原子，如简单立方结构、面心立方结构、密排立方结构。而在复式晶格中，晶格中包含两种或更多种等价的原子（离子）。等价的意义是原子周围的化学性质和物理性质都是相同的，如 CsCl 等结构。复式晶格分为两种：一种是由不同原子或离子构成的晶体，如 NaCl、CsCl、ZnS 等；另一种是由相同原子但几何位置不等价的原子构成的晶体，如金刚石的 C、Si、Ge 以及具有密排六方结构的 Be、Mg、Zn 等。复式晶格可以看成每一种等价原子形成一个简单晶格，不同等价原子形成的简单晶格是相同的，由各等价原子组成的晶格相互套构的格子就是复式晶格。复式晶格的原胞就是相应的简单晶格的原胞，在原胞中包含每种原子各一个。

① 金刚石结构　金刚石结构的晶胞为立方体，其边长为 $a$，体积为 $a^3$。通常称这种立方晶胞的边长 $a$ 为晶格常数，其数值可通过 X 射线衍射加以测定。

图 4-40 为金刚石结构的立方体晶胞。该立方体晶胞的 8 个顶点和 6 个面心处各有 1 个原子，在立方体内部有 4 个原子，分别位于立方体的 4 条空间对角线上，与最近邻的顶角原子的距离为体对角线的 $1/4$ $\left(\text{即} \dfrac{\sqrt{3}}{4}a\right)$。金刚石晶格就是由这样的立方体单元沿上下、左右、前后 3 个垂直方向上重复排列构成的。

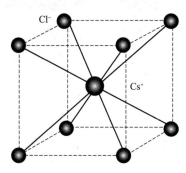

图 4-39　CsCl 晶胞示意图

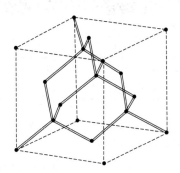

图 4-40　金刚石结构示意图

金刚石虽然由一种原子构成，但它是一个复式晶格，如图 4-40 所示。在它的结构中，由一个面心立方格子和内部的 4 个原子组成。其晶格可以看成是两个面心立方晶格套构而成，它们之间的相对位移是立方单元体体对角线的 $1/4$。

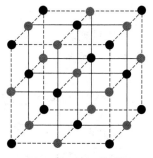

图 4-41　NaCl 结构

金刚石结构是比较空的，它的填充率只有 34%，仅为密堆积结构的 46%。所以，在金刚石结构中存在较大的空隙。

总之，金刚石结构的基本特点是属于立方晶系。每个原子被 4 个同样原子所包围，形成共价正四面体，每个晶胞包含 8 个原子，原子排列得很不紧密，每个晶胞由两面心立方晶胞套构而成。

② NaCl 结构  图 4-41 是氯化钠结构的一个晶胞的图示。不难看出，这是 $Na^+$ 和 $Cl^-$ 各自组成面心立方晶格，是两个面心立方结构套构组成的，属于复式结构。对于氯化钠结构，原胞的基矢选取和立方晶系的面心立方相同，在每个原胞中只含一个 $Na^+$ 和一个 $Cl^-$，原胞的体积也为晶胞体积的 1/4。属于该结构的晶格还有 KCl、LiH、PbS 等。

## 4.4.6　晶体中原子排列的配位数和致密度

粒子在晶体中的平衡位置，相应于结合能最低的位置，因此，粒子在晶体中的排列应该采取尽可能紧密的方式，可以用一个粒子的周围最近邻的粒子数来描述晶体粒子排列的紧密程度，称为配位数。粒子排列越紧密，配位数越大，晶体的结合能越低。表 4-3 给出了几种常见晶体结构的配位数。

**表 4-3　常见晶体结构的配位数**

| 晶体结构 | 配位数 | 晶体结构 | 配位数 |
|---|---|---|---|
| 面心立方<br>密排六方 | 12 | 氯化钠 | 6 |
| 体心立方 | 8 | 氯化铯 | 8 |
| 简单立方 | 6 | 金刚石 | 4 |

在不同的晶体结构中，原子排列的致密程度是不同的。对于由同一种原子构成的晶体，若把原子看成半径为 $R$ 的小球，允许这些小球采取紧密排列，则定义单位晶胞中原子所占整个单位晶胞的体积比，即原子体积与晶胞体积之比，就称为该晶体结构的致密度，一般用 $K$ 表示。计算表示如下：

$$K = \frac{nv}{V} \tag{4-10}$$

$$v = \frac{4}{3}\pi R^3 \tag{4-11}$$

式中，$v$ 为每个原子的体积；$R$ 为原子的半径；$V$ 为单位晶胞体积；$n$ 为原子数。

致密度和配位数一样，都能反映晶体排列的紧密程度。容易证明，面心立方和密排六方结构的致密度同为 0.74，这也是晶体的最大致密度。

**【例 4-6】**　计算金刚石结构的致密度。

**解**：设金刚石晶胞中 C 原子的半径为 $R$，则单个原子的体积 $v$ 为：

$$v = \frac{4}{3}\pi R^3$$

单位晶胞的边长为 $a$，则金刚石单位晶胞的体积 $V$ 为：

$$V = a^3$$

根据金刚石的晶体结构，晶胞中含有 C 原子 $n=8$，同时原子半径 $R$ 和 $a$ 存在如下关系：

$$(8R)^2=3a^2$$

则根据致密度表达式：

$$K=\frac{nv}{V} \tag{4-12}$$

得到金刚石结构的致密度为：

$$K=0.34$$

## 本章小结

本章主要介绍了晶体的对称性、固定的熔点、均匀性、各向异性、解理性、晶面角守恒、能使 X 射线产生衍射、具有最小内能和稳定性等特点。对晶体从不同的角度进行了分类。详细介绍了描述晶体的原胞、晶胞、晶列、晶向以及晶列和晶向的确定方法。另外，还介绍了几类典型半导体的结构、配位数和致密度等。

## 知识拓展

人工合成晶体

### 学习笔记

## 思考题

1. 什么是晶胞？什么是初级晶胞？
2. 点阵、晶列、晶面和晶格的含义是什么？
3. 简述 14 种空间点阵的特征。
4. 如何确定晶向的晶向指数？
5. 如何确定晶面的晶面指数？
6. 简述简单立方、体心立方、面心立方和密排六方的特征、致密度和配位数。

# 第 5 章
# 晶 体 缺 陷

## 知识目标

① 熟悉晶体缺陷的常见类型。
② 掌握常见的点缺陷的种类及其产生。
③ 熟悉刃型位错和螺旋位错的基本特点。
④ 了解晶体中常见的面缺陷、体缺陷。
⑤ 掌握晶硅材料中的缺陷及其对材料性能的影响。

晶体缺陷概述

## 思政与职业素养目标

① 引导学生理解"缺陷也是一种美",学会用辩证的眼光看问题。
② 培养学生与他人友善相处、团结协作的能力。

## 5.1 概述

大多数固体是晶体,人们理解的"固体物理"主要是指晶体,当然这也是因为客观上晶体的理论相对成熟。对晶体的任一空间点阵,任选一个最小基本单元,在空间三维方向进行平移,这个单元能够无一遗漏地完全复制所有空间格点。考虑二维实例,如图 5-1 所示,以一个基元在二维方向上平移,如果完全能复制所有的点,无一遗漏,这种情况具有平移对称性,这样的晶体称为"理想晶体"或者"完整晶体"。

如果对上述的格点进行微小局部破坏,如图 5-2 所示,由于局部地方格点的破坏导致平移无法完整地复制全部的二维点阵。这样的晶体称为含缺陷的晶体,对称性破坏的局部区域称为晶体缺陷(Crystal defect)。在实际晶体中,由于原子(或离子、分子)的热运动,以及晶体的形成条件、冷热加工过程和其他辐射、杂质等因素的影响,晶体中常存在各种晶体缺陷。晶体缺陷对晶体的性能,特别是对那些结构敏感的性能,如屈服强度、断裂强度、塑性、电阻率、磁导率等,有很大的影响。

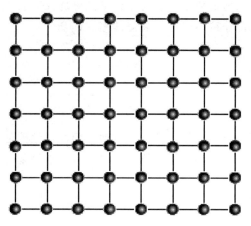

图 5-1　平移对称性的示意图

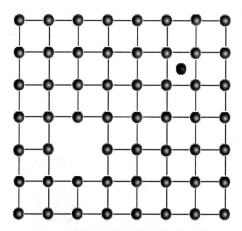

图 5-2　破坏平移对称性的示意图

事实上，任何晶体即使在绝对零度也含有缺陷，自然界中理想晶体是不存在的。既然存在着对称性的缺陷，平移操作不能复制全部格点，那么空间点阵的概念似乎不能用到含有缺陷的晶体中，亦即晶体理论的基石不再牢固。幸运的是，缺陷的存在只是晶体中局部的破坏。作为一种统计、一种近似、一种几何模型，仍然可以继承这种学说，因为缺陷存在的比例毕竟只是一个很小的量（这指的是通常的情况）。从占有原子百分数来说，晶体中的缺陷在数量上是微不足道的，因此，整体上看，可以认为一般晶体是近乎完整的。对于实际晶体中存在的缺陷，可以用确切的几何图形来描述，它是讨论缺陷形态的基本出发点。事实上，把晶体看成近乎完整的并不是一种凭空的假设，大量的实验事实（X 射线及电子衍射实验提供了足够的实验证据）都支持这种近乎理想的对称性。当然不能否认，当缺陷比例过高，以至于这种"完整性"无论从实验或从理论上都不复存在时，此时的固体便不能用空间点阵来描述，也不能被称之为晶体。

晶体缺陷对晶体的生长、力学性能、电学性能、磁学性能和光学性能等，均有着极大影响，在生产上和科研中都非常重要，是固体物理、固体化学、材料科学等领域的重要基础内容。对于半导体材料的制备和研究，研究晶体缺陷具有极为重要的指导性意义。

在理想的晶体结构中，所有的原子、离子或分子都处于规则的点阵结构的位置上，也就是平衡位置上。1926 年 Frenkel 首先指出，在任一温度下，实际晶体的原子排列都不会是完整的点阵，即晶体中一些区域的原子的正规排列遭到破坏而失去正常的相邻关系。把实际晶体中偏离理想完整点阵的部位或结构称为晶体缺陷。

# 5.2　晶体缺陷

缺陷是一种局部原子排列的破坏。传统上一般按照晶体缺陷的几何维度来划分，可以将晶体缺陷分为点缺陷、线缺陷、面缺陷、体缺陷等。其中点缺陷是基本形式，其他的晶体缺陷都可以看成是由点缺陷构成的。

## 5.2.1　点缺陷

点缺陷

点缺陷是三维（长、宽、高）都很小的缺陷，又称零维缺陷。主要特征是在各个方向上都没有延伸，只是在某一个点上的缺陷。点缺陷是由本质原子产生的自间隙原子和空位以及由杂质原子产生的间隙原子和替位原子构成的。随着温度升高，这种原子数目也增多。当温度骤冷时，则以过饱和状态存在于晶体中。

**(1) 点缺陷的分类**

① 空位（Vacancy）　由于某种原因，原子脱离了正常格点，而在原来的位置上留下了原子空位，或者说，空位就是未被占据的原子位置，如图 5-3 所示。

图 5-3　空位和间隙原子的示意图

② 间隙原子（Interstitial atom）　在晶体中总是有少部分原子离开正常格点，跳到间隙位置，形成间隙原子，或者说，间隙原子就是进入点阵间隙中的原子。间隙原子可以是晶体中的正常原子离位产生，也可以是外来杂质原子。图 5-4 为空位和间隙原子的示意图。由晶体本身原子脱离正常的晶格点而跑到晶格间隙中，称为间隙原子。值得指出的是，空位和间隙原子作为缺陷，引起点阵对称性的破坏，不仅仅是晶体中基本单元在空位和间隙原子中不能完整复制，而且对称性的破坏必然造成在其附近一个区域内的弹性畸变。

如空位产生后，其周围原子间的相互作用力失去平衡，因而它们都要朝着空位中心做一定程度的松弛（调整），使空位周围出现弹性畸变，如图 5-4 所示。

同样，在间隙原子周围也会产生弹性畸变区，如图 5-4 所示。从空位和间隙原子附近的原子组态来分析，间隙原子引起的弹性畸变要比空位引起的畸变大得多。

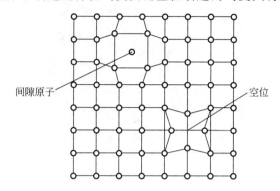

间隙原子    空位

图 5-4    空位和间隙原子周围的弹性畸变

③ 杂质原子产生的点缺陷    杂质原子在硅中可能形成间隙原子，也可能形成替位原子。如氧原子，在硅中主要占据间隙位置；特意掺入的 B、Al、Ga、P、As 等杂质，则为替位原子，它们在硅中占据晶格格点位置。原子半径比硅原子半径大的原子使晶格膨胀，而原子半径比硅原子半径小的则使晶格收缩，造成晶格缺陷。

杂质在硅中容纳的最大数目是特定的。能容纳的最大数目称为杂质在硅中的固溶度，它与杂质的种类及温度有关。杂质元素在晶体中的固溶度还与以下因素有关：原子大小、电化学效应、相对价位效应。就原子大小而言，杂质原子半径与母体原子半径相差 15％以上时，固溶度通常相当低。影响固溶度的主要原因，则是电化学与价位效应。如锗在硅中取代硅原子，与邻近的硅原子能形成很强的键连，所以，硅和锗可以以任何比例互溶。Ⅲ、Ⅴ 族元素为一般影响电性能的杂质，它们是替位元素，具有相当大的固溶度。至于过渡金属（如 Fe、Co、Ni）及 ⅠB 族元素（如 Cu、Ag、Au），在硅中造成较大的应力与晶格畸变，固溶度就较小。

在实际晶体中，点缺陷的形成可能更为复杂。例如在晶体中可能存在两个或三个甚至更多的相邻空位，分别称为双空位、三空位或空位团。由于多个空位组成的空位团从能量上讲是不稳定的，很容易沿某一方向"塌陷"成空位片。同样，间隙原子也未必都是单个原子，可能会形成所谓的"挤塞子"，如图 5-5 所示。

图 5-5    "挤塞子"示意图

**（2）点缺陷的运动**

对于一定的体系，平衡时点缺陷的数目是一定的，但这仅仅是一种动态平衡和稳定。考虑到原子的热运动和能量的起伏，一个原子可能脱离平衡位置而占据另一空位，虽然空位数目不增加，但确实存在原子的迁移，如图 5-6 所示。空位缺陷的运动实质上是原子的迁移过程，它构成了晶体中原子传输的基础。

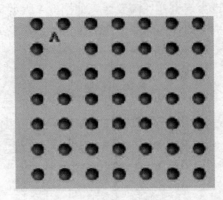

图 5-6　空位的迁移

间隙原子迁移到空位，两种缺陷同时消失，点缺陷复合。缺陷的复合也是晶体中重要的点缺陷运动方式。晶体中的原子正是由于空位和间隙原子不断地产生与复合，才不停地由一处向另一处做无规则的布朗运动，这就是晶体中原子的自扩散，是固态相变、表面化学热处理、蠕变、烧结等物理化学过程的基础。

点缺陷有时候对材料性能是有害的，例如，锗酸铋（BGO），单晶无色透明，在室温下有很强的发光性能，是性能优异的新一代闪烁晶体材料，可以用于探测 X 射线、正电子和带电粒子等，在高能物理、核物理、核医学和石油勘探等方面有广泛的应用。BGO 单晶对纯度要求很高，如果含有千分之几的杂质，单晶在光和 X 射线辐照下就会变成棕色，形成发射损伤，探测性能就会明显下降。因此，任何点缺陷的存在都会对 BGO 单晶的性能产生显著影响。

点缺陷有时候对材料性能又是有利的，例如，彩色电视荧光屏中的蓝色发光粉的主要原料是硫化锌（ZnS）。在硫化锌晶体中掺入约 $0.0001\%$ AgCl，$Ag^+$ 和 $Cl^-$ 分别占据硫化锌晶体中 $Zn^{2+}$ 和 $S^{2-}$ 的位置，形成晶格缺陷，破坏了晶体的周期性结构，使得杂质原子周围的电子能级与基体不同。这种掺杂的硫化锌晶体在阴极射线的激发下可以发出波长为 450nm 的荧光。

**（3）点缺陷的形成原因**

① 热缺陷　由于晶格上原子的热运动有一部分能量较大的离开正常位置进入间隙，变成填隙原子，并在原来位置上留下一个空位，这种缺陷称为弗仑克尔缺陷。如果晶格原子迁移到晶格表面，在晶格内部留下空位，这种缺陷称为肖特基缺陷。这两类缺陷是基本的热缺陷类型，且缺陷浓度随温度上升而呈指数上升，如图 5-7 所示。

② 杂质缺陷　杂质缺陷亦称为组成缺陷，是由外加杂质引入所产生的缺陷。如果杂质的含量在固溶体的溶解度范围内，则杂质缺陷的浓度与温度无关。

③ 非化学计量缺陷　指组成上偏离化学中的定比定律所形成的缺陷。它是由基质晶体与介质中的组分发生交换而产生的。其特点是化学组成随周围气氛的性质及其分压大小而变化，是一种半导体材料。

④ 其他原因　如电荷缺陷、辐照缺陷等。

## 5.2.2　线缺陷

线缺陷是二维很小、一维不很小的缺陷，或者说晶体中晶格的缺陷只在某一方向上延

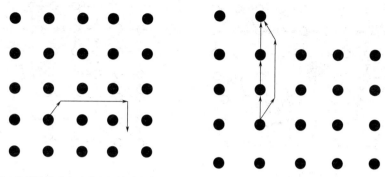

(a) 弗仑克尔缺陷的形成(空位与间隙质点成对出现)　　(b) 单质中的肖特基缺陷的形成

图 5-7　本质点缺陷

伸，且在该方向上延伸的尺寸很大，而在另外两个方向上则延伸尺寸很小，或几乎没有延伸。线缺陷的产生及运动与材料的韧性、脆性密切相关。

当晶体中的晶格缺陷是沿着一条线对称时，这种缺陷称为位错。位错为线性缺陷。因位错可以通过滑移方式产生，因此，也可形象地定义为：位错是已滑移区的晶内边界，与此相仿，又可定义为位错是错位面的晶内边界，如图 5-8(a) 所示。

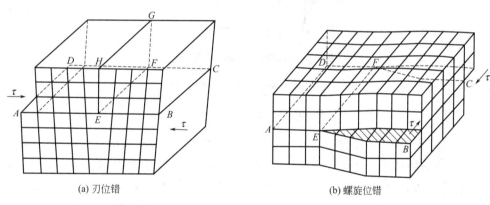

(a) 刃位错　　　　　　　　　　(b) 螺旋位错

图 5-8　典型的线缺陷

当施加外力（如拉应力、压应力或剪应力）在一晶体上时，依据外力的大小，晶体会产生弹性或塑性形变。在弹性形变范围内，当外力移去时，晶体会回到原来的状态。当外力超过晶体的弹性强度时，晶体就不会回到原有的状态，产生了塑性形变，导致位错的产生。晶体在不同的应力状态下，其滑移方式不同。根据原子的滑移方向和位错线取向的几何特征不同，位错分为刃位错 ［图 5-8(a)］、螺旋位错 ［图 5-8(b)］和混合位错。

在位错线附近，晶格是不完整的，位错线上原子的键是不饱和的，因而它有吸引杂质原子以降低其弹性性能的倾向，所以，位错处往往是杂质富集的地方。在位错周围，杂质原子富集，位错可以作为一个空位源，也可以作为一个空位的消除点。位错做与滑移面成一定角度的运动，可以促进空位或间隙原子的产生或消灭，即位错运动产生或消灭空位。

1939 年柏格斯（Brugers）提出，把形成一个位错的滑移矢量定义为位错矢量，并称为柏格斯矢量（Brugers vector），或简称柏氏矢量，以 $b$ 表示，如图 5-9(b) 所示，它是位错的特征标志。

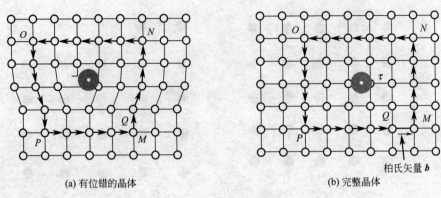

(a) 有位错的晶体　　　　　　(b) 完整晶体

图 5-9　柏氏矢量图

在实际晶体中，假定有一位错，在位错周围的"好"区内围绕位错线作一任意大小的闭合回路，即称柏氏回路，如图 5-10 所示。回路的方向人为地用右手螺旋法来定义，即规定位错线指出向外为正，我们用右手的拇指指向位错的正向，其余四指的指向就是柏氏回路的方向。

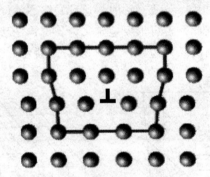

图 5-10　包含位错的柏氏回路

柏氏矢量可由柏氏回路求得（沿用 1951 年弗朗克提出的较严格的方法）。在位错周围的"好"区内围绕位错线做一任意大小的闭合回路，如图 5-9 所示。回路的方向与位错线方向符合右手螺旋法则，回路的起点 $M$ 是任取的。回路的每一步必须连接最近的邻原子，然后按照同样的做法在完好的晶体中作同样的回路（在每一方向上的步数必须相同），发现终点 $Q$ 与起点 $M$ 不重合，连接 $Q$ 点和 $M$ 点的矢量 $b$ 即为柏氏矢量。从柏氏矢量的定义可以知道：

① 刃位错的柏氏矢量与位错线垂直；

② 螺旋位错的柏氏矢量与位错线同向或反向；

③ 混合位错的柏氏矢量既不与位错线垂直，也不与位错线平行，而是与位错线成一定夹角。

**（1）刃位错**

为了理解刃位错的几何形状，最简便的方法是先考虑它的形成机制。以一个简单立方结构为例，沿着晶体的平面 $ABCD$ 切开，接着施以剪应力 $\tau$，那么平面 $ABCD$ 上方的晶格会相对于下方的晶格向右滑移一原子间隔距离。这样的滑移过程中，左半边表面的原子并没有往右滑移，因此平面 $ABCD$ 上方的晶格会被挤出一个额外的半平面 $EFGH$，也就是说晶体的上半部比下半部多出一个平面的原子，如图 5-8（a）所示。这种形式的晶格缺陷即为刃位错

（Edge dislocation）。

① 为了更好地了解晶体缺陷，下面介绍几个概念。

• 位错线　沿着终止于晶体中的额外半平面的边缘的直线称为位错线，如图 5-11(c) 中的 $EF$。

• 滑移面　这是由位错线与滑移向量所定义的平面。假如位错的运动是沿着滑移向量方向，称这种运动为滑移，如图 5-11(c) 中的 $ABCD$ 面，即为滑移面。

• 符号　刃位错的符号一般以"⊥"表示。当符号朝上，原子的额外半平面位于滑移面的上方，这种刃位错称为正刃位错。当符号朝下，原子的额外半平面位于滑移面的下方，这种刃位错称为负刃位错。

• 滑移向量　滑移向量一般称为布格向量，图 5-11(c) 中的一原子间隔距离，这个向量可以表示位错的方向和滑移的大小。

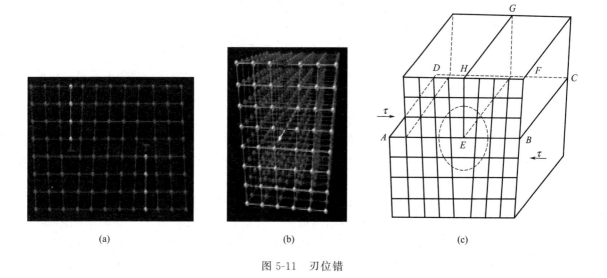

(a)　　　　　　　　(b)　　　　　　　　(c)

图 5-11　刃位错

在刃位错中，位错线与原子滑移方向相垂直；滑移面上部位错线周围原子受压应力作用，原子间距小于正常晶格间距；滑移面下部位错线周围原子受张应力作用，原子间距大于正常晶格间距，如图 5-11(a)、(b) 所示。

刃位错有一个额外半原子面；位错线与晶体滑移的方向垂直，即位错线运动的方向垂直于位错线；已滑移区与未滑移区的边界线，可以是直线也可以是折线和曲线，但它们必与滑移方向和滑移矢量垂直；只能在同时包含位错线和滑移矢量的滑移平面上滑移；位错畸变区只有几个原子间距，是狭长的管道，故是线缺陷，如图 5-12 所示。

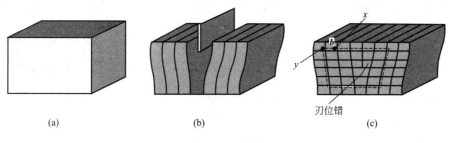

(a)　　　　　　　　(b)　　　　　　　　(c)

图 5-12　线缺陷

② 位错的运动　运动是位错性质的一个重要方面，图 5-13 为位错运动图。没有位错的运动，甚至会没有晶体的弹性形变，并且位错运动的难易程度直接关系到晶体的强度。位错的运动有两种基本形式：滑移（Slip）和攀移（Climb）。

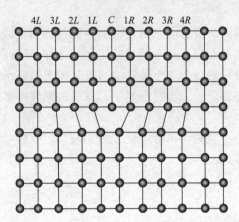

图 5-13　原子组态运动与多余半原子面运动的关系

● 位错的滑移　位错的滑移是在切应力作用下实现的，在其本身的滑移面上是很容易滑移的。在位错线滑移通过整个晶体后，将在晶体表面沿滑移方向产生一个滑移台阶，任何位错线都沿其各点的法线方向在滑移面滑移。滑移系统包含了滑移方向及滑移面。在晶体中优先的滑移方向总是具有最短的晶格向量，也就是说，滑移方向几乎完全由晶格结构所决定。最容易滑移的平面，通常为原子最密堆积的平面。对金刚石结构而言，滑移系统为 $\{111\}$ $\langle 100 \rangle$。

● 位错的攀移　刃位错在垂直于滑移面上的运动称为攀移。攀移会引起额外半平面变大或变小，图 5-14（b）显示额外半平面变小的例子，晶格空位移到额外半平面原子的底部，使得位错线往上移动一个晶格向量的距离。当位错的运动需要借助原子及晶格空位运动时，称为非平衡运动，所以攀移是一种非守恒运动，而滑移是一种守恒运动。当攀移引起额外半平面尺寸减小时，称为正攀移；当攀移引起额外半平面变大时，称为负攀移。正攀移导致晶格空位消失，负攀移则导致晶格空位的产生。由于攀移需借助晶格空位的运动，所以攀移需要更多的能量，也就是说，攀移需要在高温或应力下产生，通常压应力导致正攀移的发生，而拉应力引起负攀移的发生，如图 5-14（c）所示。

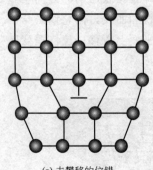
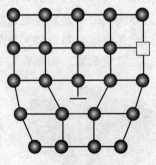
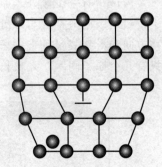

(a) 未攀移的位错　　　　(b) 空位运动引起的正攀移　　　　(c) 间隙原子引起的负攀移

图 5-14　位错的攀移

### （2）螺旋位错

位错的第二种基本形态，称为螺旋位错。假设施加剪应力在一简单立方晶体上，这剪应力将引起晶格平面被撕裂，就如同一张纸被撕裂一半似的，如图 5-15 所示。图中上半部的晶格相对于下半部的晶格在滑移面上移动了固定的滑移向量，形成位错。从图 5-15 不难了解为什么这种位错形态称之为螺旋位错。螺旋位错线是位于晶格偏移部分的边界，而平行于滑移向量。

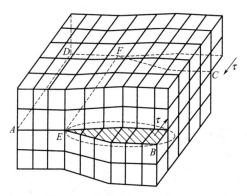

图 5-15　螺旋位错形成示意图

晶体在外加切应力作用下沿 $ABCD$ 面滑移，图中 $EF$ 线为已滑移区与未滑移区的分界处。由于位错线周围的一组原子面形成了一个连续的螺旋形坡面，故称为螺旋位错（Screw dislocation）。图 5-16 展示了滑移面两侧晶面上原子的滑移情况。

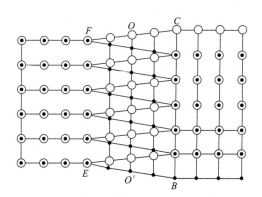

图 5-16　螺旋位错滑移面两侧晶面上原子的滑移情况

螺旋位错的特征（图 5-17）：

- 螺旋位错没有额外半原子面；
- 位错线与滑移方向平行，位错线运动的方向与位错线垂直；
- 原子错排成轴对称，分右旋和左旋螺型位错；
- 滑移面不是唯一的，包含螺旋位错线的平面都可以作为它的滑移面；
- 位错畸变区也是几个原子间距宽度，同样是线位错。

### （3）混合位错

在外力作用下，两部分之间发生相对滑移，在晶体内部已滑移和未滑移部分的交线既不垂直也不平行于滑移方向（柏氏矢量 $b$），这样的位错称为混合位错。混合位错是含有部分刃

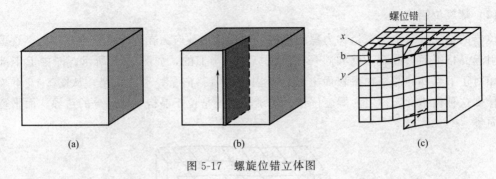

图 5-17　螺旋位错立体图

位错及部分螺旋位错向量的位错，也就是说柏氏矢量 **b** 与位错线成任意角度，如图 5-18 所示。

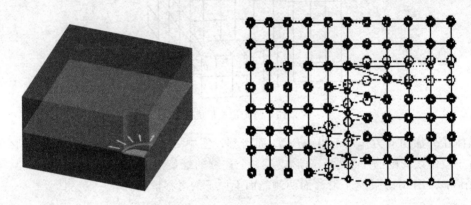

图 5-18　混合位错

位错线上任意一点，经矢量分解后，可分解为刃位错和螺旋位错分量。晶体中位错线的形状可以是任意的，但位错线上各点的柏氏矢量相同，只是各点的刃型、螺旋分量不同而已。

由于位错线是已滑移区与未滑移区的边界线，因此，位错具有一个重要的性质：一根位错线不能终止于晶体内部，而只能露头于晶体表面（包括晶界），若它终止于晶体内部，则必与其他位错线相连接，或在晶体内部形成封闭线。形成封闭线的位错称为位错环（图 5-19）。阴影区是滑移面上一个封闭的已滑移区。显然，位错环各处的位错结构类型也可按各处的位错线方向与滑移矢量的关系加以分析，如 A、B 两处是刃型位错，C、D 两处是螺旋位错，其他各处均为混合位错。

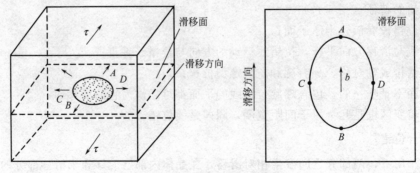

图 5-19　位错环的几何结构

## 5.2.3　面缺陷

一块晶体常常被一些界面分隔成许多较小的畴区，畴区内具有较高的原子排列完整性，畴区之间的界面附近存在着较严重的原子错排。这种发生于整个界面上的广延缺陷被称作面缺陷，即面缺陷是指二维尺度很大而第三维尺度很小的缺陷。面缺陷的取向及分布与材料的断裂韧性有关，包括层错、李晶缺陷及晶界。其中，层错是晶体的另一大范围的缺陷，一般发生在外延工艺过程中，是晶体生长最常见的缺陷之一。

### （1）层错

层错是由于晶面堆积顺序发生错乱而引入的面缺陷，又称堆垛层错。以立方密堆积结构（面心立方）为例，以 A、B、C 代表不同的层，在 [111] 方向上各晶面按照 ABCABC… 的顺序排列，如图 5-20 所示。

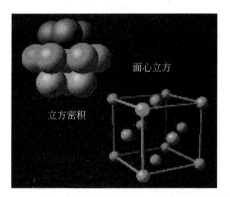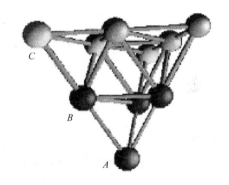

图 5-20　面心立方的空间排布

在晶体制备过程中，如果缺少了其中一层，如 B 层原子，而变成按 ABCACABC… 顺序的排列，这就产生了层错，这种层错称为抽出型层错，如图 5-21(a) 所示；如果晶体在外应力的作用下，其中一层如 C 层原子移到了 AB 层中间，这样晶格的结构就变成了 ABCACBCABC…，这种层错称为插入型层错，如图 5-21(b) 所示。这两种层错是整个面的错位，而另一种层错是局部错排，称为部分层错。若原子的堆积层按 ABCABC… 排列，而在中心部分插入了一 A 层原子，这种层错称为外质层错。若在中心部分少了一 C 层原子，这种层错称为内质层错。

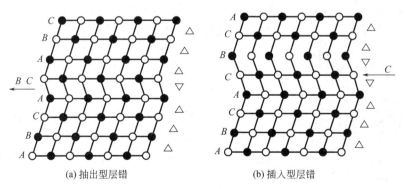

(a) 抽出型层错　　　　　　(b) 插入型层错

图 5-21　层错

### （2）孪晶缺陷

孪晶是指两个晶体（或一个晶体的两部分）沿一个公共晶面（即特定取向关系）构成镜面对称的位向关系，这两个晶体就称为"孪晶"，此公共晶面就称孪晶面。共格孪晶界就是孪晶面。在孪晶面上的原子同时位于两个晶体点阵的结点上，为两个晶体所共有，属于自然地完全匹配，是无畸变的完全共格晶面，因此它的界面能很低，很稳定，在显微镜下呈直线。这种缺陷称为孪晶缺陷，如图 5-22 所示。

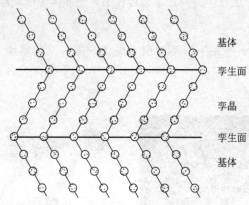

基体

孪生面

孪晶

孪生面

基体

图 5-22    在晶体中孪晶区域的图示说明

### （3）晶界

晶界是两个或多个不同结晶方向的单晶交界处。晶界可以是弯曲的，但在热平衡下，为了减少晶界面的能量，通常是平面状的。图 5-23 显示一小角度晶界，它含有许多刃位错。这些刃位错可能是出现在晶体的生长的某一阶段中，刃位错借着滑移及攀移，而形成小角度晶界。当晶界的倾斜角度较大时（大于 10°或 15°），位错结构便失去其物理意义，单晶也就变成了多晶。

图 5-23    在小角度晶界内的刃位错

由于晶界上两个晶粒的质点排列取向有一定的差异，两者都力图使晶界上的质点排列符合于自己的取向，当达到平衡时，晶界上的原子就形成某种过渡的排列，其方式如图 5-23 所示，显然，晶界上由于原子排列不规则而造成结构比较疏松，因而也使晶界具有一些不同于晶粒的特性。晶界上原子排列较晶粒内疏松，因而晶界易受腐蚀（热侵蚀、化学腐蚀），很容易显露出来。由于晶界上结构疏松，在多晶体中，晶界是原子（离子）快速扩散的通道，并容易引起杂质原子（离子）偏聚，同时也使晶界处熔点低于晶粒；晶界上原子排列混乱，存在着许多空位、位错和键变形等缺陷，使之处于应力畸变状态，故能阶较高，使得晶界成为相变时先成核的区域。利用晶界的一系列特性，通过控制晶界组成、结构和相态等来制造新型无机材料，是材料科学工作者很感兴趣的研究领域。由于晶界上成分复杂，因此对晶界的研究还有待深入。

### 5.2.4　体缺陷

由点缺陷或面缺陷造成在完整的晶格中可能存在着空洞或夹杂有包裹物等，使晶体内部的空间晶格结构整体上出现了一定形式的体缺陷。

**（1）空隙**

晶体中空隙的形成，主要是过饱和的晶格空位聚集在一起形成的，它的大小约在 $1\mu m$ 以下。在硅晶体中也可能存在大于 $100\mu m$ 甚至大于 $1000\mu m$ 的空隙，这种较大的空隙可能是晶体生长过程中产生的气泡。空隙的发生与晶体生长速率、溶液的黏滞性及晶体的转速等因素有关。由于硅晶体的优先生长习性是以一个 [111] 面为边界面的八面体，所以由过饱和的晶格空位所形成的空隙就是个八面体。

**（2）析出物**

当不纯物的浓度超过特定温度的溶解度时，不纯物即可能以化合物的形态析出。析出物发生的步骤包括成核、成长。成核必须借助其他缺陷（如点缺陷、位错等）而产生的称为异质成核，而成核是随机性均匀发生的称为匀质成核。由于异质成核所需要的能量较低，所以异质核较常见。在成核后析出物会由小渐渐增大。事实上析出物有一临界大小，只有大于临界值的析出物才会稳定成长变大，小于临界值的析出物可能会再度消失。析出物的析出速率与温度、不纯物的浓度、不纯物的扩散系数有关。图 5-24 为硅晶体中形成的析出物示意图。

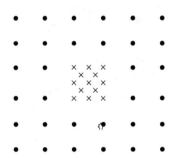

图 5-24　在晶体结构内形成的析出物

## 5.3　晶硅中的缺陷及其影响

晶体硅是当前光伏电池产业的基础材料。在光伏工业中广泛采用的直拉单晶硅和铸造多晶硅中存在着杂质、高密度的位错或晶界等晶体缺陷，从而显著影响了光伏电池的转换效率。

### 5.3.1　氧杂质及其影响

**（1）氧杂质的来源**

在直拉单晶硅中，氧杂质主要来源于晶硅生长过程中熔硅与石英坩埚的作用。石英坩埚在高温下可以与熔体中的 Si 原子发生反应，生成 SiO，化学反应式如下：

$$Si + SiO_2 =\!\!= 2SiO$$

通过机械对流、自然对流等方式，SiO 传输到熔体表面，而在 1420℃ 附近 SiO 的饱和蒸气压为 12mbar（1bar＝$10^5$Pa），此时到达硅熔体表面的 SiO 易以气体形式挥发。而少量的 SiO 溶解在熔硅中，以氧原子形态存在于液体硅中，最终进入直拉单晶硅。

铸造多晶硅的氧主要来源于两方面：一方面来源于原材料，因铸造多晶硅的原料常是微电子工业的头尾料、锅底料等，本身就含有一定的氧杂质；另一方面则来自晶体生长过程中，熔硅和石英坩埚的作用。与直拉单晶硅工艺相比，铸造多晶硅制造过程中没有强烈的被迫对流，只有热对流，因此，使得硅熔体对石英坩埚壁的冲蚀作用减弱，熔入硅熔体中的总氧浓度有所降低；同时氧在硅熔体中的扩散减少，输送减缓，输送到硅熔体表面挥发的 SiO 量也减少了。为减少熔硅和石英坩埚的作用，工业界常常在石英坩埚内壁涂覆 SiN 涂层，以阻碍熔硅和石英坩埚的直接作用，从而降低铸造多晶硅中的氧浓度。

**（2）氧杂质对硅材料性能的影响**

氧原子主要以间隙态存在于晶体硅中，形成 Si—O—Si 键结合，如图 5-25 所示。

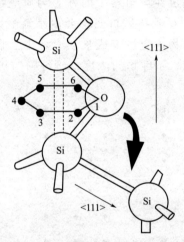

图 5-25　氧原子占据晶格位置示意图

氧杂质在晶体硅中行为比较复杂，对硅材料的性能影响有好也有坏，主要影响如下。

① 增加机械强度　氧在硅晶格中处于间隙位置，对位错有钉扎作用，因而可增加晶体的机械强度，避免硅片在器件工艺中的热过程中发生形变（如弯曲翘曲等）。这是氧对硅单晶性能的最大贡献之一，也是 Cz 硅单晶在集成电路领域广泛应用的主要原因之一。

② 形成氧热施主　硅中氧以过饱和间隙态存在于硅单晶中。当直拉单晶硅在 300～500℃ 热处理时，会产生与氧相关的施主效应，此时，N 型晶体硅的电阻率下降，P 型晶体硅的电阻率上升。施主效应严重时，甚至能使 P 型晶体硅转化为 N 型晶体硅，这种与氧相关的施主被称为"热施主"。研究表明，热施主是双施主，即每个热施主可以向硅基体提供 2 个电子，其能级分别位于导带下 0.06～0.07eV 和 0.13～0.15eV 处。因此，当产生的热施主浓度较高时，会直接影响光伏电池的性能。

氧热施主可以在 300～500℃ 范围内生成，450℃ 是最有效的热施主生成温度。一旦生成热施主，可以在 550℃ 以上用短时间热处理予以消除。通常利用的热施主消除温度为 650℃。

除温度外，单晶硅原生氧浓度是影响热施主浓度的最大因素。通常认为，热施主浓度主要取决于单晶硅中的初始氧浓度，其初始形成速率与氧浓度的 4 次方成正比，其最大浓度与氧浓度的 3 次方成正比。

另外，晶体硅中的其他杂质也会影响热施主的生成。研究已经指出，碳、氮会抑制热施主的生成，而氢会促进热施主的形成。

除热施主外，含氧的直拉单晶硅在 550～850℃ 热处理时，还会形成新的与氧相关的施主，被称为"新施主"，具有与热施主相近的性质。但是它的生成一般需要 10h 左右，甚至更长。对于光伏电池用直拉单晶硅，其冷却过程虽然要经过该温区，但是要少于 10h。另外硅光伏电池的工艺一般不会长时间热处理，所以，对于光伏电池用直拉单晶硅而言，新施主的作用和影响一般可以忽略。

③ 氧沉淀　氧在直拉单晶硅中通常是以过饱和间隙态存在，因此，在合适的热处理条件下，氧在硅中要析出，除了氧热施主以外，氧析出的另一种形式是氧沉淀。在晶体生长完成后的冷却过程和硅器件的加工过程中，单晶硅要经历不同的热处理过程。在低温热处理时，过饱和的氧一般聚集形成氧施主；在相对高温热处理或多步热处理循环时，过饱和的氧就析出形成氧沉淀。

④ 形成 B-O 复合体　1973 年，Fischer 等发现了直拉单晶硅光伏电池在光照条件下会出现效率衰退现象。这个效率衰减在空气中 200℃ 热处理后又能完全恢复。这在非晶硅光伏电池中是著名的 S-W 现象。但是，也出现在直拉单晶硅光伏电池中。

人们最初认为这一现象是直拉单晶硅中的金属杂质所致，如铁杂质可以与硼形成 Fe-B 对，在 200℃ 左右可以分解，形成间隙态铁，引入深能级，可能导致光伏电池效率的降低。后来人们发现，在载流子注入或光照条件下，直拉单晶硅的少数载流子寿命会降低，造成电池效率的衰减。研究表明，这种现象与氧的一种亚稳态缺陷有关。这种亚稳态的缺陷是与氧、硼相关的，是一种硼氧（B-O）复合体。硼氧复合体缺陷除了与氧、硼相关外，温度对其形成和消失也有决定性作用。硼氧复合体的缺陷可以经低温（200℃ 左右）热处理予以消除。

## 5.3.2　碳杂质及其影响

碳在硅中处于替位位置。由于它是四价元素，属非电活性杂质。在特殊情况下，碳在硅晶体中也可以以间隙态存在。当碳原子处于晶格位置时，因为碳原子半径小于硅原子半径，晶格会发生形变。目前，采用减压拉晶和热屏系统，CO 大量被保护气体带走，有利于减少硅晶体中的碳浓度。碳在硅中的平衡分凝系数为 0.07，在直拉硅单晶中头部浓度小，尾部浓度大。

一般认为碳能促进氧沉淀的形成，特别是在低氧硅中，碳对氧沉淀的生成有强烈的促进作用。试验表明，对低碳硅单晶中的间隙氧浓度，在 900℃ 以下热处理仅有少量沉淀；对高碳硅单晶中的间隙氧浓度，在 600℃ 以下热处理氧浓度急剧减少，而硅晶体中的碳浓度也大幅减少，说明了碳促使氧沉淀生成。因碳的原子半径比硅小，引起晶格形变，容易吸引氧原子在其附近聚集，形成氧沉淀核心，为氧沉淀提供异质核。

## 5.3.3　氢杂质及其影响

氢是晶体硅中重要的轻元素杂质。氢可以和晶体硅中的缺陷和杂质作用，钝化它们的电活性，通常对单晶硅和多晶硅进行氢化处理，能够改善它们的电学性能。特别是铸造多晶硅，为降低位错、缺陷等的作用，氢钝化已经成为多晶硅光伏电池工艺中必不可少的步骤，可大大降低晶界两侧的界面态，从而降低界面复合，也可以降低位错的复合作用，最终明显改善光伏电池的开路电压。

铸造多晶硅生长时，基本不涉及氢杂质的引入。所以，原生的铸造多晶硅是不含氢杂质的。当铸造多晶硅在经历氢钝化时，氢原子就进入晶体硅内。铸造多晶硅可在氢气、等离子氢气氛、水蒸气、含氢气体或空气中热处理进行氢钝化。热处理温度为 $200 \sim 500 \, ^\circ\!C$。最常用的氢钝化工艺有两种：一是混合气氛（20% 氢气，80% 氮气），约 $450 \, ^\circ\!C$ 对硅片进行热处理；二是制备氮化硅的过程中，利用等离子氢对多晶硅的晶界起钝化作用。

氢很难以单独的氢原子或者氢离子的形式存在，通常都是与其他杂质和缺陷作用，以复合体形式存在，而这些复合体大多是电中性的，所以氢可以钝化杂质和缺陷的电活性。

一般认为：在低温液氮和液氦温度，硅中的氢原子占据晶格点阵的间隙位置，以正离子或负离子两种形态出现；温度稍高一些，这两种离子氢可以结合起来，形成一个氢分子，它们可以被电子顺磁共振或红外光谱探测到；当含氢晶体硅在 200 K 以上时，在红外光谱中探测到的氢都消失，氢原子发生偏聚，与其他杂质、点缺陷或多个氢原子形成复合体或沉淀。

室温左右，晶体硅中氢的固溶度很小，如 $25 \, ^\circ\!C$ 时氢的平衡固溶度仅为 $6 \times 10^3 \, cm^{-3}$，随着温度上升，晶体硅中氢的固溶度迅速上升。与硅原子相比，氢原子半径很小，一般认为氢在晶体硅中的扩散很快。当晶体硅在氢气中高温热处理时，氢原子极易扩散进入晶体硅。

因为氢很容易和其他杂质或缺陷作用，所以，铸造多晶硅中的杂质和缺陷都有可能对氢的扩散产生影响。在富氧晶体硅中，氢扩散相对较慢，可能是氧或氧沉淀与氢结合，阻碍了氢的扩散。在富碳的晶体硅中，氢扩散较快，当氢和空位点缺陷结合时，它的扩散可能要比通常情况高几个数量级。

对于晶体硅中的主要杂质氢，其作用主要表现在两个方面：一是氢和氧作用能形成复合体；二是氢可以促进氧的扩散，导致氧沉淀、氧施主生成的增强。铸造多晶硅中氢的最主要作用是钝化晶界、位错和电活性杂质。其钝化效果与硅中氢的内扩散和在缺陷处的沉积相关的。

在与杂质、缺陷的作用形式上，一般有以下几种。

① 氢与浅施主结合，可以形成 D_-H+ 中心；与浅受主结合，则形成 A+-H_ 中心。

② 与钴、铂、金、镍等深能级金属结合，形成复合体，去除或形成其他形式的深能级中心。

③ 在高浓度掺硼的单晶硅中，氢容易和硼原子结合，形成氢硼复合体与位错上悬挂键结合，达到去除位错电活性的目的。

④ 也可与空位作用，形成 VHn 复合体；与间隙原子结合，产生 IH2 复合体。

⑤ 氢还可钝化晶体硅表面，与表面悬挂键结合，消除表面态。

### 5.3.4　金属杂质及其影响

金属，特别是过渡金属，是硅材料中非常重要的杂质，它们在单晶硅中一般以间隙态、替位态、复合体存在。对于光伏电池用直拉单晶硅，一方面是多晶硅原料来源复杂，本身可能含有一定量的金属杂质；另一方面，为了降低成本，硅光伏电池的制备一般不会在超净房中进行。因此，对于光伏电池用直拉单晶硅，金属的影响就不能简单忽略了。

金属杂质不论以何种形式存在于硅中，它们都可能导致硅器件的性能降低，甚至失效。而它们的存在形式又主要取决于硅中过渡族金属的固溶度、扩散速率等基本的物理性质和材料或器件的热处理工艺，特别是热处理温度和冷却方式。

一般情况下，如果某金属杂质的浓度低于该金属在晶体中的固溶度，它们可以以间隙态或替位态形式的单个原子存在。对于硅中金属杂质而言，大部分金属原子以间隙态存在；如果某金属杂质的浓度大于其在晶体硅中的固溶度，则可能以复合体或沉淀形式存在。

在高温时，硅中金属浓度一般低于固溶度，主要以间隙态存在在晶体硅中。在低温时，硅中金属的固溶度较小，特别是在室温下，因此，晶体硅中的金属将是过饱和的。此时，晶体硅的冷却速率和金属的扩散速率将起到主要作用。

如果高温热处理后冷却速率很快，而金属的扩散速率又相对较慢，金属来不及运动和扩散，它们将以过饱和、单原子形式存在于晶体硅中，或者是间隙态，或者是替位态。

一般而言，硅中金属是以间隙态存在的，如硅中的铁杂质等。此时它们是电活性的，形成了具有不同电荷状态的深能级，如单施主、单受主、双施主等，有时也会同时出现受主和施主的状态。实际上，即使金属以单个原子形态存在晶体硅中时，这些金属原子也是不稳定的，或者说是"半稳"的，如施主-受主对，有些复合体也具有电活性。进一步低温退火时，这些复合体还会聚集，最终能形成金属沉淀。

如果高温处理后冷却速度较慢，或者说虽然冷却速率很快，但金属杂质的扩散速度特别快，那么在冷却过程中，金属会扩散到表面或晶体缺陷处形成复合体和沉淀。金属沉淀可能出现在体内或表面，有时会同时出现在体内和表面，这取决于金属扩散速率、冷却速率和硅片样品的厚度。如果金属的扩散速率快，冷却速率慢，且样品不是很厚，金属就会沉淀在表面，如铜和镍金属；而对于扩散速率相对较慢的金属，它们往往沉淀在体内。

当金属原子以单个形式存在于晶体硅中，它们具有电活性，同时也是深能级复合中心，所以原子态的金属从两方面影响硅材料和器件的性能：①影响载流子浓度；②影响少数载流子寿命。就金属原子具有电活性而言，当其浓度很高时，就会与晶体中的掺杂起补偿作用，影响载流子浓度。原子态的金属对器件性能的影响更主要地体现在它的深能级复合中心性质上，它对硅中少数载流子有较大的俘获截面，从而导致少数载流子的寿命大幅度降低，并且金属杂质浓度越高，其影响越大，说明硅中少数载流子寿命与金属杂质的浓度成反比。

金属在晶体硅中更多是以沉淀形式出现。一旦沉淀，它们并不影响晶体硅中载流子的浓度，但是会影响载流子的寿命，如晶体硅中常见的金属铁、铜和镍。金属沉淀对晶体硅和器件的影响取决于沉淀的大小、密度和化学性质。

金属沉淀在晶体硅不同部位对其产生的影响也不同：①金属沉淀出现在晶体硅内，它能使少数载流子的寿命减少，降低其扩散长度，增加漏电流；②金属沉淀出现在空间电荷区，会增加漏电流，软化器件的反向 $I\text{-}V$ 特性，这种沉淀对光伏电池的影响尤为重要；③金属沉淀出现在表面，对集成电路而言，这将导致删氧化层完整性的明显降低，能引起击穿电压的降低，但是，对光伏电池的影响则比较有限。

### 5.3.5　位错及其影响

位错

位错是铸造多晶硅中一种重要的微观结构缺陷。铸造多晶硅在晶体凝固的冷却过程中，散热不均匀会导致晶锭中热应力的产生。另外，晶体硅和石英坩埚的热膨胀系数的不同，在冷却过程中，同样会产生热应力。热应力的直接后果，就是在晶粒中产生大量的位错，严重影响铸造多晶硅光伏电池的效率。

位错或位错团可以大幅度地缩短少数载流子的扩散长度，这是因为位错本身的悬挂键具有很强的电活性，可以直接作为光生载流子的复合中心，位错密度越大，非本征吸杂的效果就越差，因此，无论是为了提高电池转换效率，还是为了有效吸杂，都必须最大限度地降低硅晶体中的位错密度。

铸造多晶硅中热应力的产生和分布是很复杂的，受多种因素的影响，如升温速度、降温速度、热场分布等。但一般来说，从晶锭底部到晶锭上部，位错密度呈"W"形。即晶锭底部、中部和上部的位错密度相对较高；随着位错密度的增加，俘获密度呈线性增加；位错密度越高，少数载流子的俘获密度越高，材料的电学性能越差。

### 5.3.6　晶界及其影响

由于铸造多晶硅在制备过程中有多个形核点，所以结晶后的晶体由许多晶向不一、尺寸大小不同的晶粒组成。在晶粒与晶粒之间的交界处存在着晶界，硅原子有规则、周期性重复排列的规律被打破，出现大量的悬挂键，形成界面态，从而影响了材料的光电转换效率。对于铸造多晶硅，晶粒尺寸越大越好，这样可以减少晶界的表面积，并且最好使晶界方向与硅晶片表面相互垂直，这样可以明显降低晶界对多晶硅光伏电池转换效率的影响。因此，通过采用定向凝固技术，可以获得沿生长方向整齐排列的粗大柱状晶组织，这些粗大的柱状晶尺寸减小了晶界数量，也有利于提高光伏电池转换效率。

根据晶界结构的不同，可以分为小角晶界和大角晶界（＞80％）两种。晶界对晶体硅电学性能的影响主要是由于晶界势垒和界面态两方面。晶界势垒一般可看为两个背对背紧接的肖特基势垒。在一定条件下，电荷可以从晶界两侧通过，导致在晶界两侧形成空间电荷区，而其势垒高度又与界面态的密度及其在能带中的位置有关。有研究指出：铸造多晶硅的晶界势垒可达 0.3eV，对应的界面态密度为 $10^{13}\,cm^{-2}$ 左右。晶界的表面复合速率约为（1～4）×$10^5\,cm/s$。

晶界的电学性质与晶界结构、特征有关。晶界的电活性与金属污染密切相关，没有金属缀饰的纯净的晶界是不具有电活性的，或者电活性很弱，不是载流子的俘获中心，并不影响多晶硅的电学性能。

原生铸造多晶硅中不仅含有晶界，而且含有金属杂质。金属杂质在硅中以间隙态、复合体和沉淀的形式出现，而晶界对它们有不同程度的作用。

在一定温度下热处理，晶界附近的高浓度金属会扩散到晶界上沉淀，使得晶界附近反而存在低浓度的区域，这就是所谓的"晶界吸杂"导致的晶界附近的"洁净区"。

尽管晶界具有晶面势垒、界面态，但其电活性是很弱的。但如果有金属沉淀其上，情况就大不相同，不同金属在晶界上的沉积能力不同，即晶界对不同金属有不同的吸引（吸杂）能力。金属杂质浓度越高，对晶界电活性影响就越大。不同的晶界对金属的吸杂能力也是不同的。普通晶界吸引金属杂质的能力要大于高$\Sigma$（晶体原胞体积与重位点阵超晶格体积之比）的晶界，而低$\Sigma$的晶界吸引金属杂质的能力最弱。

晶体生长时固液界面的形状也会影响晶界的性能，研究认为平直的固液界面导致晶界的电学性能最弱。晶粒越细小，晶界的总面积就越大，对材料性能的影响就越大。铸锭越靠近上部，晶粒越大，晶界对材料的光电转化效率的影响很小。当晶界垂直于器件表面时，对光生载流子的运动几乎没有阻碍作用，此时晶界对材料的电学性能几乎没有影响。在现代优质铸造多晶硅中，晶界已不是制约材料电学性能的主要因素。氢钝化可以降低界面态密度和晶界势垒，其效果与氢的扩散、晶界类型和金属杂质都有一定的关系。对于氢在多晶硅晶界处的扩散，目前尚无定论。氢对低铁、高铁浓度的样品钝化均有明显效果。

## 本章小结

本章从晶体缺陷出发，讲解了缺陷的概念以及多种缺陷的类型、缺陷的运动、缺陷形成的原因，特别介绍了晶硅材料中的常见缺陷及其对材料性能的影响，使得读者能够全面熟悉晶体缺陷类型，对学习电池材料的点、线、面缺陷及造成的影响也将有系统的掌握。

## 知识拓展

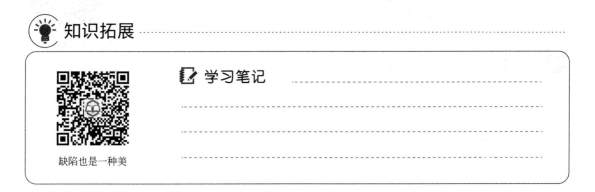

缺陷也是一种美

### 学习笔记

## 思考题

1. 晶体缺陷的概念及作用。

2. 晶体缺陷如何分类？点缺陷如何分类？

3. 解释名词：缺陷、位错、位错线、滑移面、滑移向量、层错及晶界。

4. 点缺陷的运动及形成原因是什么？

5. 位错如何分类？位错运动如何分类？

6. 什么是面缺陷和体缺陷？

7. 晶硅中的氧、碳杂质的主要来源是什么？它们对光伏电池有何影响？

8. 金属杂质对光伏电池性能有何影响？

9. 多晶硅中的氢为何可以起到钝化作用？

10. 光伏电池用多晶硅中的位错来源有哪些？其存在对光伏电池有哪些影响？

11. 晶界对晶硅材料性能有何影响？

# 第6章

# 半导体材料性能

## 知识目标

① 了解能带理论基础知识。
② 了解杂质能级及缺陷能级的特点。
③ 掌握 P 型半导体和 N 型半导体。
④ 掌握热平衡载流子和非平衡载流子的特点。
⑤ 熟悉载流子的运输方式。
⑥ 掌握 PN 结的结构及其特点。

半导体概述

 思政与职业素养目标

① 鼓励学生以科学家为榜样,弘扬科学家精神。
② 激发学生浓厚的学习兴趣,培养学生良好的学习迁移能力。

## 6.1 半导体的特性

半导体材料是一类导电能力介于导体和绝缘体之间的固体材料,其电学性能容易受到温度、光照、磁场和杂质浓度等的影响。半导体材料具有许多独特的物理性质,这与半导体中电子的状态及其运动特点有密切关系。下面从晶体结构的正格子和倒格子说起。

### 6.1.1 正格子和倒格子

自然界中存在的固体材料有晶体和非晶体之分,半导体材料大都是晶体。在理想情况下,晶体是由大量原子有规则地周期性重复排列构成的。如果把原子抽象为几何点,这些点的集合就是晶格了。组成晶格的最小重复单元是原胞,通过全同原胞三维周期性的"堆积"可以复制出整个晶体。图 6-1(a) 显示的是金刚石结构的晶胞和原胞,可以看到,金刚石结构的结晶学原胞是立方对称的晶胞,这种晶胞可以看作是两个面心立方晶胞沿立方体的空间对角线相互位移了 1/4 的空间对角线长度套构而成。金刚石结构的固体物理学原胞是一个平行六面体，每个原胞包含两个原子。金刚石结构的特点是，每个原子周围都有 4 个最近邻的原子，组成一个如图 6-1(b) 所示的正四面体结构。

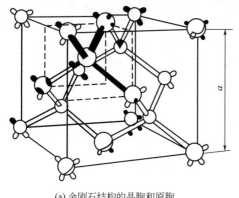

(a) 金刚石结构的晶胞和原胞

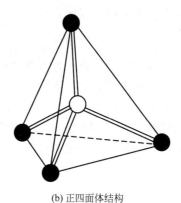

(b) 正四面体结构

图 6-1　金刚石结构

　　除了用真实空间的正格子来描述晶体结构外，还可以用倒易空间的倒格子来描述，倒格子是与真实空间相联系的傅里叶空间中的晶格。

　　倒格子的原胞可以用维格纳-赛茨原胞表示。连接倒格子中选定的中心点与紧邻的等效倒格点，作该直线的垂直平分面，由这些平面所围成的完全封闭的最小体积就是维格纳-赛茨原胞。倒格子的维格纳-赛茨原胞称为第一布里渊区。

　　图 6-2 是金刚石结构的第一布里渊区。可以看到从中心点（$\Gamma$）到立方体的 8 个顶点画直线，然后作垂直平分面，就得到了一个截角八面体，这就是维格纳-赛茨原胞，即第一布里渊区。

　　波矢是在傅里叶空间中做出的，所以倒易空间又称为波矢空间，是真实空间经傅里叶变换而得到的。波矢 $k$ 的坐标可以在倒格子坐标体系中

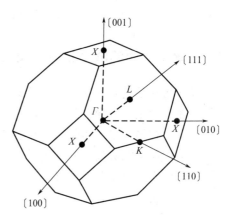

图 6-2　金刚石结构的第一布里渊区

表示，倒格子对于显示能量-动量（$E$-$k$）关系非常重要。

## 6.1.2　波函数

　　在描述微观粒子的运动状态时，经典力学显得无能为力。薛定谔将普朗克的能量量子化和德布罗意关于物质波粒二象性两个量子力学基本原理相结合，提出用物质波函数来描述微观粒子的运动状态。波函数可以通过解薛定谔方程求得。薛定谔方程在量子力学中的地位如同牛顿方程在经典力学中的地位。如果粒子是在势能为 $V(x,y,z,t)$ 的势场中运动，动量和动能之间的关系为

$$E=\frac{p^2}{2m}+V(x,y,z,t) \tag{6-1}$$

可以得到三维情况下势场中粒子含时间的一般薛定谔方程为

$$-\frac{\hbar^2}{2m}\nabla^2\psi(x,y,z,t)+V(x,y,z,t)\psi(x,y,z,t)=E\psi(x,y,z,t) \tag{6-2}$$

式中引入了拉普拉斯算符 $\nabla^2=\dfrac{\partial^2}{\partial x^2}+\dfrac{\partial^2}{\partial y^2}+\dfrac{\partial^2}{\partial z^2}$。薛定谔方程是一个二阶偏微分方程，解微分方程并代入初始条件和边界值，就能得到描述微观粒子运动状态的波函数。物质波是一种描述微观粒子运动状态的概率波，$|\psi(x,y,z,t)|^2$ 称为概率密度函数，是粒子在某一时刻某一位置出现的概率密度。玻恩对波函数的统计解释是：某一时刻在空间某一地点粒子出现的概率，正比于该时刻该地点的波函数模的平方。

当势能 $V$ 与时间无关时，解薛定谔方程可以采用分离变量法，将薛定谔方程写成与坐标有关（与时间无关）和与时间有关两部分的乘积：

$$\psi(x,y,z,t)=\psi(x,y,z)f(t)$$

于是薛定谔方程与时间无关的项可写成

$$-\frac{\hbar^2}{2m}\nabla^2\psi(x,y,z)+V(x,y,z)\psi(x,y,z)=E\psi(x,y,z) \tag{6-3}$$

这就是与时间无关的定态薛定谔方程。一般情况下只考虑定态薛定谔方程，此时微观系统的能量为 $E$，波函数为定态波函数 $\psi(x,y,z)$，粒子在某一地点出现的概率为 $|\psi(x,y,z)|^2$。在讨论周期性势场中电子的波函数时采用的就是定态波函数。

### 6.1.3　半导体中的电子状态和能带

半导体物理是建立在能带理论基础之上的，利用定态薛定谔方程和数学方法，可以严密地推导出能带理论。半导体晶体是由大量原子周期性重复排列而成的，而每个原子又包含原子核和电子。在描述半导体中电子状态和运动规律时，可以假设每个电子都是在周期性排列且固定不动的原子核势场及其他电子的平均势场中运动，这就是单电子近似法。用单电子近似法研究晶体中的电子状态的理论，称为能带理论。

#### （1）电子共有化运动

晶体中的电子是在严格周期性重复排列的原子间运动，单电子近似认为，晶体中某一个电子是在原子核势场和其他大量电子的平均势场中运动。图 6-3(a) 显示了单电子原子的势函数，图 6-3(b) 显示了紧密排列在一维阵列的多原子的势函数，近距原子的波函数相互交叠，最终形成了如图 6-3(c) 所示的一维周期性势场。由于电子可以在原子的势场中运动，也可以通过

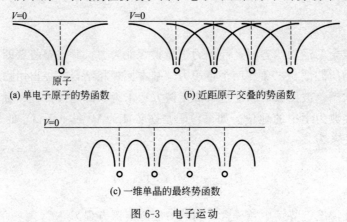

(a) 单电子原子的势函数　　　(b) 近距原子交叠的势函数

(c) 一维单晶的最终势函数

图 6-3　电子运动

量子力学的隧道效应穿透势垒，到达其他原子的势场中运动，通常把前者称为局域化运动，而把后者称为共有化运动，相应的电子态分别为局域态和扩展态。能量较低的内壳层电子所受原子核束缚较强，电子穿透势垒的概率较小，电子共有化运动很弱；外壳层电子由于能量较强，所受原子核束缚较弱，电子穿透势垒的概率较大，电子共有化运动较显著。

**（2）周期性势场中薛定谔方程**

在绝热近似和单电子近似下，晶体中电子所处的势场可以看作是周期性势场，而且势场的周期与晶格周期相同。对于一维晶格，晶格中位置为 $x$ 处的势能为

$$V(x) = V(x + sa) \tag{6-4}$$

式中，$s$ 为整数；$a$ 为晶格常数。晶体中电子的定态薛定谔方程为

$$-\frac{\hbar^2}{2m} \times \frac{\mathrm{d}^2 \psi(x)}{\mathrm{d}x^2} + V(x)\psi(x) = E\psi(x) \tag{6-5}$$

式中 $V(x)$ 满足式（6-4）。解式（6-5）方程就能得出电子的波函数和能量。布洛赫定理指出，周期性势场中波函数的解一定有如下形式

$$\psi_k(x) = u_k(x)\mathrm{e}^{ikx} \tag{6-6}$$

式中，$k$ 为波数；$u_k(x)$ 是一个与晶格同周期的周期性函数，即

$$u_k(x) = u_k(x + na) \tag{6-7}$$

式中，$n$ 为整数。具有式（6-7）形式的波函数为布洛赫波函数。

晶体中电子的波函数是布洛赫波函数，是一个被调幅的平面波。波函数的平面波部分包含了所有的动力学信息，得到波函数就能求得电子出现在空间某一点的概率，且因 $u_k(x)$ 是与晶格同周期的函数，所以在晶体中各点找到该电子的概率也同样具有周期性变化性质。这反映了电子不再局限于某一点上，而是在整个晶体中做共有化运动。布洛赫波函数中的波矢 $k$ 描述的就是晶体中电子的共有化运动状态，不同的波矢 $k$ 标志着不同的共有化运动状态。

**（3）能带**

晶体中电子处在不同的波矢 $k$ 状态，对应不同的能量 $E(k)$，求解式（6-5）可以得出 $E(k)$ 和 $k$ 的关系曲线，即通常所说的能带图，如图 6-4 所示。

能带理论

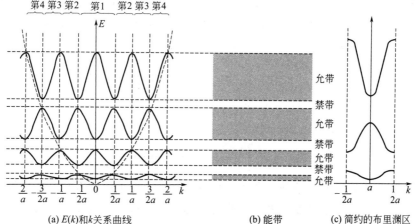

图 6-4　晶体能带图

图中横坐标表示波矢 $k$，实线就是周期性势场中电子的 $E(k)$ 和 $k$ 关系曲线，其中存在能级的能带称为允带，允带之间因没有能级而称为禁带。在 $k = \dfrac{n\pi}{a}(n = 0, \pm 1, \pm 2 \cdots)$ 时能带出现不连续，形成一系列允带和禁带。也就是说禁带出现在布里渊区边界上，在布里渊区的边界，能量发生不连续。由于 $E(k)$ 也是 $k$ 的周期性函数，周期为 $2\pi/a$，在表示不同的电子态时，只需将 $k$ 限制在第一布里渊区就可以了，即

$$-\frac{\pi}{a} < k < \frac{\pi}{a} \tag{6-8}$$

其他区域的曲线只需平移 $n\dfrac{2\pi}{a}$ 就可合并到第一布里渊区，由此得到的是简约布里渊区，这一区域的波矢为简约波矢。

图 6-5(a) 显示的是半导体材料在一定温度下的能带图。通常在能量低的能带中都填满了电子，这样的能带称为价带；而能量高的能带往往是全空或半空的，电子没有填满，将此能带称为导带。导带和价带之间就是不存在电子量子态的禁带了。从图中可以看出，电子可以在各自的能带中运动，也可以在各个能带间跃迁，但不能在能带之间的禁带中运动。通常只需取导带底和价带顶组成能带图，如图 6-5(b) 所示。

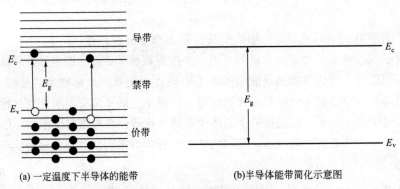

(a) 一定温度下半导体的能带　　　　　　(b)半导体能带简化示意图

图 6-5　半导体材料能带图

**（4）周期性边界条件**

晶体中的电子在周期性势场中运动，对于有限尺寸的晶体，周期性势场的结束点（或晶体的表面）所施加的周期性边界条件，决定了波矢 $k$ 只能取分立值。对边长为 $L$ 的立方晶体，波矢 $k$ 的 3 个分量 $k_x$、$k_y$、$k_z$ 分别为

$$k_x = n_x \frac{2\pi}{L}(n_x = 0, \pm 1, \pm 2 \cdots)$$

$$k_y = n_y \frac{2\pi}{L}(n_y = 0, \pm 1, \pm 2 \cdots)$$

$$k_z = n_z \frac{2\pi}{L}(n_z = 0, \pm 1, \pm 2 \cdots) \tag{6-9}$$

可以看出，波矢 $k$ 具有量子数的作用，描述了晶体中电子的共有化运动的量子状态。

半导体中电子的量子态可以用电子的波矢 $k$ 标志，其对应的能级为 $E(k)$。但波矢 $k$ 不能取任意的数值，而是受到一定边界条件的限制，只能取一定的分立值，所以能带中的能级也是分立的，但每一个能带中有 $N$ 个能级，$N$ 为晶体的固体物理学原胞数，$N$ 是非常大的

数值，所以能带中的能级是准连续的。每个能级可以容纳自旋方向相反的两个电子，所以每个能带可以容纳 $2N$ 个电子。

### （5）有效质量

利用量子力学原理求解晶体中电子的薛定谔方程，就能了解电子的运动状态，不过很多时候把电子当成经典粒子用经典力学来分析会更加方便，这就需要一座桥梁将量子力学和经典力学两种分析方法联系起来，这座桥梁就是电子的有效质量。将电子波近似为波包后，就可以用近似的经典力学的方法来描述电子的运动状态。

半导体中的电子在周期性势场中运动，根据量子力学概念，电子的运动可以看作是波包的运动，电子运动的平均速度可以用波包的群速表示，即

$$v = \frac{1}{h} \times \frac{\mathrm{d}E}{\mathrm{d}k} \tag{6-10}$$

当有外加电场存在时，半导体中的电子除了受到周期性势场作用外，还要受到外加电场的作用，外力 $f$ 对电子做的功等于电子能量的变化，即

$$\mathrm{d}E = f\mathrm{d}s = fv\mathrm{d}t \tag{6-11}$$

将式（6-10）代入式（6-11），则有

$$\mathrm{d}E = \frac{f}{h} \times \frac{\mathrm{d}E}{\mathrm{d}k}\mathrm{d}t$$

即

$$f = h\frac{\mathrm{d}k}{\mathrm{d}t} = \frac{\mathrm{d}(hk)}{\mathrm{d}t} = \frac{\mathrm{d}P}{\mathrm{d}t} \tag{6-12}$$

此式与牛顿第二运动定律类似，其中 $hk = P$ 为电子的准动量。而电子的加速度

$$a = \frac{\mathrm{d}v}{\mathrm{d}t} = \frac{1}{h} \times \frac{\mathrm{d}}{\mathrm{d}t}\left(\frac{\mathrm{d}E}{\mathrm{d}k}\right) = \frac{1}{h} \times \frac{\mathrm{d}^2E}{\mathrm{d}k^2} \times \frac{\mathrm{d}k}{\mathrm{d}t} = \frac{f}{h^2} \times \frac{\mathrm{d}^2E}{\mathrm{d}k^2} \tag{6-13}$$

若令 $m_\mathrm{n}^* = \dfrac{h^2}{\dfrac{\mathrm{d}^2E}{\mathrm{d}k^2}}$，则

$$f = m_\mathrm{n}^* a \tag{6-14}$$

$m_\mathrm{n}^*$ 就是电子的有效质量。在能带底部附近，$\dfrac{\mathrm{d}^2E}{\mathrm{d}k^2} > 0$，电子有正的有效质量；在能带顶部附近，$\dfrac{\mathrm{d}^2E}{\mathrm{d}k^2} < 0$，电子有负的有效质量。负的有效质量意味着电子运动时转移给晶格的能量大于由外力转移给电子的能量。必须明确的是，有效质量是一个将量子力学和经典力学联系起来的参数，也正是这种将两种理论联系在一起的方法导致了这个奇特的负有效质量结果。薛定谔波动方程的解与经典力学相矛盾，这个"负有效质量"就是一个例子。

周期性势场中电子在外力作用下运动时，描述电子的运动规律时所使用的是电子的有效质量 $m_\mathrm{n}^*$，这是因为半导体中的电子不仅受到外力 $f$ 的作用，同时还要受到半导体内部原子和其他电子的平均势场的作用，电子运动的加速度应该是半导体内部势场和外力同时作用的综合结果。引入有效质量的意义就在于它概括了半导体内部的周期性势场对电子的作用，使得在描述半导体中电子在外力作用下的运动规律时，可以不涉及半导体内部势场的作用。

### （6）空穴

价带中电子在受到激发时可以从价带跃迁到导带，从而在价带中留下一些空状态。温度

高于绝对零度时，价带中的其他电子都可能获得热能。如果一个电子得到了一些热能，它就可能跃入这些空状态，价电子在空状态中的移动可以等价为这些空状态自身的移动，如图6-6 所示，价带电子受热激发跃迁到导带后在价带中留下了空穴。

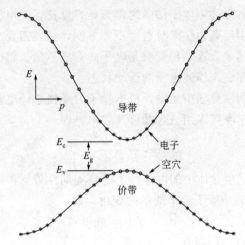

图 6-6　直接带隙半导体材料的能量与动量关系示意图

一个电子跃入空状态时所形成的电流密度为

$$J = (-q)v(k) \tag{6-15}$$

电子填入空状态后，所形成的总电流为零，即

$$J + (-q)v(k) = 0 \tag{6-16}$$

因而有

$$J = (+q)v(k) \tag{6-17}$$

说明当价带 $k$ 状态空出时，价带电子引起的电流密度相当于一个处于 $k$ 状态、携带电荷为 $+q$、以速度为 $v(k)$ 运动的粒子所引起的电流密度，因此，可以把价带中的空状态假想为带正电的粒子，称为空穴。这样，半导体中起导电作用的就有电子和空穴两种载流子了。

由于空穴出现在价带顶部附近，而价带顶部附近电子的有效质量为负值，如果引进 $m_p^*$ 表示空穴的有效质量，且令

$$m_p^* = -m_n^* \tag{6-18}$$

则价带中的空状态就是波矢为 $k$、携带电荷为 $+q$、具有正有效质量 $m_p^*$ 的载流子空穴了。

**(7) 硅和砷化镓的能带结构**

晶体的一个重要性质就是各向异性，电子在晶体的周期性势场中沿各个方向运动，会产生不同的 $k$ 空间边界，能带结构就是晶体中 $E\text{-}k$ 的关系曲线。硅和砷化镓 $k$ 空间的能带图非常复杂，一维空间中的 $E\text{-}k$ 关系曲线如图 6-7(a) 所示。一维 $E\text{-}k$ 关系曲线将 [100] 方向的图形绘制在 $+k$ 轴上，而将 [111] 方向的图形绘制在 $-k$ 轴上。导带中的电子趋向于停留在导带的最小能量处，价带中的电子也同样趋向于价带的能量最小处，所以空穴出现在价带的能量最大处。在导带底部和价带顶部之间存在一个禁带宽度 $E_g$。对砷化镓而言，价带顶和导带底都出现在 $k=0$ 处，此处动量 $p=0$。对硅而言，价带顶也出现在 $k=0$ 处，但导带底没有出现在 $k=0$ 处，而是在 [100] 方向上，动量 $p \neq 0$。

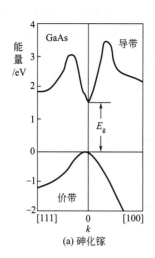
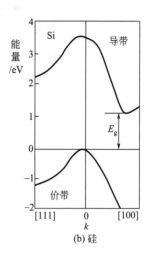

(a) 砷化镓　　　　　　　　(b) 硅

图 6-7　能带结构

砷化镓中的电子从价带顶跃迁到导带底时至少需要等于禁带宽度 $E_g$ 的能量，导带底和价带顶处动量都为 0，跃迁前后动量不变，满足动量守恒定律。这样的半导体称为直接带隙半导体。硅中的电子在能带间跃迁也至少需要等于禁带宽度 $E_g$ 的能量，但导带底处动量不为 0，跃迁前后动量会变化，不满足动量守恒定律，所以跃迁时电子会与晶格相互作用，也就是声子会参与跃迁以保持动量守恒。这样的半导体称为间接带隙半导体。

半导体的禁带宽度是随温度变化的，随着温度的升高，$E_g$ 的变化规律为

$$E_g(T) = E_g(0) - \frac{\alpha T^2}{\beta + T} \tag{6-19}$$

式中，$E_g(T)$ 和 $E_g(0)$ 分别表示温度为 $T$ 和 0K 时的禁带宽度，硅在 $T = 0$K 时 $E_g(0) = 1.170$eV；温度系数 $\alpha = 4.73 \times 10^{-4}$eV，$\beta = 636$K。

## 6.1.4　半导体中的杂质和缺陷能级

理想的晶体结构具有完美的晶格，实际应用的半导体材料总是会出现各种破坏晶格完美性的现象。首先，原子并不是在晶格的格点静止不动，而是在其平衡位置附近振动；其次，半导体材料并不是纯净的，总是本来就含有杂质或为控制半导体材料性质人为掺入杂质；另外，实际的半导体材料中有些原子组成晶格时没有按规则排列，形成各种缺陷，如点缺陷、线缺陷和面缺陷。

杂质和缺陷的存在破坏了严格按周期性有规则排列的原子所产生的周期性势场，有可能在禁带中引入允许电子占据的量子态（能级），对半导体材料的性质有非常大的影响。

**（1）施主杂质、施主能级**

以硅中掺入Ⅴ族元素，如掺入磷（P）为例，如图 6-8 所示。每个硅原子有 4 个价电子，原子和原子之间以共价键方式结合。磷原子进入半导体硅后，以替位的形式存在，占据硅原子的位置。磷原子有 5 个价电子，其中 4 个价电子与周围 4 个硅原子的

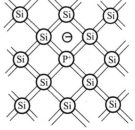

图 6-8　硅中的施主杂质

4 个价电子组成 4 个共价键，还剩 1 个价电子弱，束缚在磷原子核的周围，一旦接受能量，这个价电子很容易挣脱原子核的束缚，从而可以在整个晶体中运动，成为导电电子，磷原子失去电子后成为带正电的磷离子（$P^+$），称为正电中心，正电中心是不能移动的。上述电子脱离杂质原子的束缚成为导电电子的过程称为施主电离，电离过程所需的最小能量就是它的电离能。V 族杂质在硅中电离时，能够释放电子而产生导电电子并形成正电中心，称它们为施主杂质或 N 型杂质。

用能带图表示就是，掺入的磷在能带中形成施主能级 $E_D$，此能级位于禁带中间，称为杂质能级，如图 6-9 所示。当电子得到能量 $\Delta E_D$ 后，就从施主能级跃迁到导带成为导电电子，所以施主能级 $E_D$ 位于离导带底 $\Delta E_D$ 的下方。

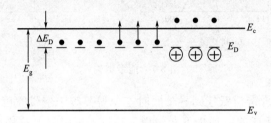

图 6-9　施主能级和施主电离

半导体中掺入施主杂质且杂质电离后，导带中的导电电子增多。如果半导体主要依靠导电电子导电，就把这种半导体称为电子型或 N 型半导体。

**（2）受主杂质、受主能级**

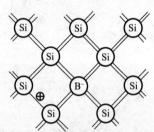

图 6-10　硅中的受主杂质

同样，以硅中掺入 III 族元素，如掺入硼（B）为例，如图 6-10 所示。硼原子进入半导体硅后，也是以替位的形式存在，占据硅原子的位置。硼原子有 3 个价电子，当它与周围 4 个硅原子形成共价键时，还缺少 1 个价电子，只好从别处的硅原子中夺取 1 个价电子来形成共价键，于是会在硅晶体的共价键中产生一个空穴。而硼原子在接受 1 个电子后，成为带负电的硼离子（$B^-$），称为负电中心，负电中心也是不能移动的。空穴由于静电引力作用弱，束缚在硼离子的周围，一旦接受能量，空穴就很容易挣脱硼离子的束缚，从而可以在整个晶体中运动，成为导电空穴。上述空穴脱离杂质的束缚成为导电空穴的过程，称为受主电离。掺入的杂质电离时能够使价带中的导电空穴增多，称它们为受主杂质或 P 型杂质。

用能带图表示就是，掺入的硼在能带中形成施主能级 $E_A$，这个能级也位于禁带中间，同样是杂质能级。当空穴得到能量 $\Delta E_A$ 后，就从受主能级跃迁到价带成为导电空穴，所以受主能级 $E_A$ 位于离价带顶 $\Delta E_A$ 的上方。

半导体中掺入受主杂质且受主杂质电离时，能够使价带中的导电空穴增多。如果半导体主要依靠导电空穴导电，就把这种半导体称为空穴型或 P 型半导体。

磷和硼在硅的禁带中形成能级时，电离能 $\Delta E_D$、$\Delta E_A$ 远小于 $E_g$（图 6-11），施主能级和受主能级分别靠近导带底和价带顶，称这样的能级为浅能级。由于杂质的电离能很小，一般而言（即在非简并半导体中），在室温下，施主杂质和受主杂质都能全部电离。

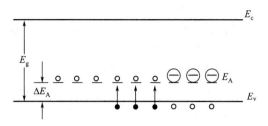

图 6-11　受主能级和受主电离

### （3）深能级杂质、深能级

在半导体硅中掺入Ⅲ、Ⅴ族杂质后，在禁带中形成浅能级，其他各族元素掺入硅后，也会在硅中形成能级。如果产生的施主杂质能级距离导带底较远、受主杂质能级距离价带顶较远，即靠近禁带中心，这些能级称为深能级，相应的杂质称为深能级杂质，如图6-12所示。室温下深能级杂质基本不电离，而如果电离时能够产生多次电离，在禁带中引入多个能级，这些能级可能是施主能级，也可能是受主能级，还可能同时引入施主级和受主能级。

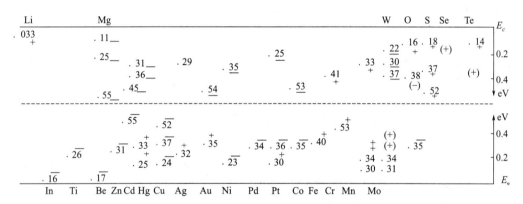

图 6-12　硅晶体中的深能级

深能级杂质含量一般极少，而且较深，它们对半导体材料的电子和空穴浓度影响没有浅能级杂质显著，但它们对电子和空穴的复合作用比浅能级杂质强，可以成为有效的电子和空穴的复合中心，影响非平衡少数载流子的寿命。

### （4）缺陷、缺陷能级

理想的晶体是原子有规则地周期性重复排列的完美晶体，没有杂质和缺陷。实际的晶体中存在各种破坏晶体完美性的现象，如点缺陷、线缺陷和面缺陷。这些缺陷也可能在禁带中引入相应能级，即缺陷能级。

在Ⅳ族元素半导体材料（如硅）中，在一定的温度下硅原子可能挤入晶格原子间的间隙，从而成为自间隙原子，原来的位置又成为空位。自间隙原子和空位两种点缺陷主要由温度决定，又称为热缺陷或本征点缺陷。在晶体硅中存在空位时，空位相邻的4个硅原子各有1个不饱和的共价键，这些悬挂键倾向于接受电子，因此空位表现出受主性质；而硅自间隙原子具有4个可以失去的未形成共价键的价电子，可以提供自由电子给晶体硅，表现出施主性质。

线缺陷主要指位错，一般认为位错具有悬挂键，可以俘获或失去电子，可以起受主或施主作用，在禁带中引入缺陷能级。不过也有研究表明，纯净的位错没有电学性质，在禁带中不会引入能级，只是当位错上聚集了金属或其他杂质时，才有可能引入能级。

面缺陷包括了表面和晶界，表面和晶界处都存在大量的悬挂键，也能俘获或失去电子，在禁带中引入缺陷能级，而且往往是深能级。

体缺陷是指三维空间的缺陷，它们和基体的界面往往会产生缺陷能级。

这些缺陷能级和杂质引入的深能级一样，会影响少数载流子的寿命。对于太阳能光电材料而言，则会影响太阳能光电转换效率。因此，太阳能光电材料不仅需要尽量提高纯度，减少杂质能级，而且需要晶体结构尽量完整，减少晶体缺陷，从而提高太阳能光电转换效率。

# 6.2 热平衡载流子

载流子

在一定的温度下，如果没有外界影响（如电场、光照、温度梯度等），半导体中的电子从热振动的晶格中吸取一定的能量，就可能从低能态跃迁到高能态，如从价带跃迁到导带，从而形成导电的导带电子和价带空穴，这就是本征激发。对于杂质半导体而言，除本征激发外，电子和空穴也可以通过杂质电离的方式产生，如电子从施主能级跃迁到导带时产生导带电子，或者电子从价带激发到受主能级时产生价带空穴。同时还存在着相反的过程，即电子也可以从高能态跃迁到低能态，并向晶格中释放出一定的能量，从而使导带中的电子和价带中的空穴不断减少，这一过程称为载流子的复合。在一定温度下，载流子不断产生又不断复合，最终两个相反的过程之间将建立起动态平衡，称为热平衡状态，此时半导体中导电的电子浓度和空穴浓度都保持在一个稳定的数值。处于热平衡状态下的导电电子和空穴称为热平衡载流子。当温度改变时，热平衡状态被打破，载流子经过一定的产生和复合过程后又将建立起新的热平衡状态，热平衡载流子浓度也随之改变，达到新的稳定数值。

半导体中载流子浓度严重影响着半导体材料的性质，在掺杂浓度一定的情况下，载流子浓度又随温度的变化而变化。计算热平衡下载流子的浓度及其随温度的变化规律，需要知道允许的量子态按能量的分布规律和电子在允许的量子态中的分布规律，各量子态上的载流子浓度的总和就是半导体的载流子浓度。

## 6.2.1 状态密度

状态密度就是在能带中能量 $E$ 附近每单位能量间隔内的量子态数。每一个能带中包含的能级数与晶体中的原子数 $N$ 和孤立原子能级的简并度有关。由于 $N$ 是一个十分大的数值，能级又靠得非常近，所以每个能带中的能级基本上可以看作是连续的。假定在能带中能量 $E \sim (E+dE)$ 之间无限小的能量间隔内有 $dZ$ 个量子态，则状态密度 $g(E)$ 可以表示为

$$g(E) = \frac{dZ}{dE}$$

经分析计算，对于球形等能面，导带底附近电子的状态密度 $g_c(E)$ 为

$$g_c(E) = \frac{dZ}{dE} = 4\pi V \frac{(2m_n^*)^{3/2}}{h^3} (E - E_c)^{1/2} \tag{6-20}$$

式中，$V$ 为晶体体积；$m_n^*$ 为导带底电子有效质量。

价带顶附近空穴的状态密度 $g_v(E)$ 为

$$g_v(E) = \frac{dZ}{dE} = 4\pi V \frac{(2m_p^*)^{3/2}}{h^3}(E_v - E)^{1/2}$$

(6-21)

式中，$m_p^*$ 为价带顶空穴有效质量。

图 6-13 为状态密度与能量的关系。

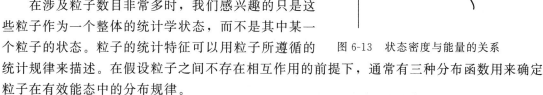

图 6-13　状态密度与能量的关系

## 6.2.2　统计规律

在涉及粒子数目非常多时，我们感兴趣的只是这些粒子作为一个整体的统计学状态，而不是其中某一个粒子的状态。粒子的统计特征可以用粒子所遵循的统计规律来描述。在假设粒子之间不存在相互作用的前提下，通常有三种分布函数用来确定粒子在有效能态中的分布规律。

**（1）麦克斯韦-波耳兹曼分布函数**

这种分布认为粒子是可以被一一区分开的，而且对每个能态所能容纳的粒子数没有限制。分布函数为

$$f(E) = \exp\left(-\frac{E - E_F}{k_0 T}\right)$$

(6-22)

式中，$E_F$ 为费米能级；$k_0$ 为玻尔兹曼常数；$T$ 为热力学温度。

**（2）玻色-爱因斯坦分布函数**

这种分布认为粒子是全同粒子，不能被一一区分开，不过每个能态所能容纳的粒子数没有限制。分布函数为

$$f(E) = \frac{1}{\exp\left(\dfrac{E - E_F}{k_0 T}\right) - 1}$$

(6-23)

具有整数自旋的粒子称为玻色子（例如光子和量子化的晶格振动即声子）。

**（3）费米-狄拉克分布函数**

这种分布也认为粒子是全同粒子，不能被一一区分开，而且每个量子态中只允许容纳一个粒子。分布函数为

$$f(E) = \frac{1}{\exp\left(\dfrac{E - E_F}{k_0 T}\right) + 1}$$

(6-24)

具有半整数自旋的粒子称为费米子（例如电子、质子、中子、夸克和中微子）。

对于费米分布函数，在 $E - E_F \gg k_0 T$ 时，$\exp\left(\dfrac{E - E_F}{k_0 T}\right) \gg 1$，分母中的 1 可以忽略，从而费米分布函数可以写为

$$f(E) \approx \exp\left(-\frac{E - E_F}{k_0 T}\right)$$

(6-25)

此式称为费米分布函数的玻耳兹曼近似。图 6-14 中显示了费米-狄拉克分布函数的玻耳兹曼近似，可以看出近似适用的能量范围。

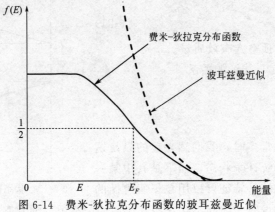

图 6-14　费米-狄拉克分布函数的玻耳兹曼近似

## 6.2.3　费米分布函数和费米能级

从大量电子的整体来看，在热平衡状态下，电子出现在不同能量的量子态上有一定的统计分布概率，也就是说，电子是按照能量的大小遵循一定的统计分布规律来分布的。根据量子统计理论，电子是一种全同费米子，分布中的电子是不可分辨的，而且要满足泡利不相容原理，每个量子态上只能容纳一个电子，电子的分布遵循费米统计规律。对于能量为 $E$ 的一个量子态被电子占据的概率 $f(E)$ 为

$$f(E) = \frac{1}{1 + \exp\left(\dfrac{E - E_F}{k_0 T}\right)} \tag{6-26}$$

式中，$k_0$ 是玻耳兹曼常数；$T$ 是热力学温度；$E_F$ 是费米能级或费米能量，$E_F$ 是一个待定的参数，具有能量的量纲。

$f(E)$ 是电子的费米分布函数，它描述的是热平衡状态下电子在允许的量子态上分布规律的统计分布函数，也可以用来表示被电子填充的量子态占总量子态的比率。只要知道了费米能级 $E_F$ 的数值，在一定温度下，电子各量子态上的统计分布就完全确定了。

在绝对零度时，若 $E < E_F$，则 $f(E) = 1$；若 $E > E_F$，$f(E) = 0$。这说明在绝对零度时，能量比 $E_F$ 小的量子态被电子占据的概率为 100%，因而这些量子态上都是有电子的；而能量比 $E_F$ 大的量子态被电子占据的概率为 0，因而这些量子态上没有电子，是空的。因此费米能级可看成是量子态是否被电子占据的一个界限。

当 $T > 0K$ 时，若 $E < E_F$，则 $f(E) > 1/2$；若 $E = E_F$，则 $f(E) = 1/2$；若 $E > E_F$，则 $f(E) < 1/2$。由图 6-15 可知，当系统的温度高于绝对零度时，能量比 $E_F$ 小的量子态被电子占据的概率大于 50%，且随能级的升高逐渐减少；能量比 $E_F$ 大的量子态被电子占据的概率小于 50%，且随能级的升高逐渐增大。费米能级的位置比较直观地表示了电子占据量子态的情况，费米能级位置较高，说明能量较高的量子态上有较多的电子占据，因此可以说，费米能级是电子填充能级水平高低的标志。

如果把电子系统看作一个热力学系统，费米能级实际上就是电子系统的化学势 $\mu$，它是平衡系统的热力学参数。在包括导带、价带、施主和受主的整个电子系统处于热平衡状态

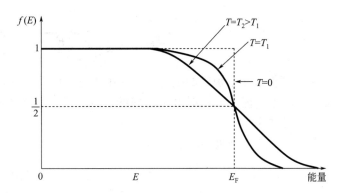

图 6-15  不同温度下的费米分布函数与能量的关系

时，系统应该有统一的化学势，所以处于热平衡状态的电子系统有统一的费米能级。如果系统中子系统各具有自己的化学势且彼此不相等时，这是一个准平衡状态。这时包括各子系在内的整个系统的自由能并未达到最低值，系统并未达到平衡（平衡时要求系统的自由能最低）。系统达到平衡的过程就是电子由化学势高的子系向化学势低的子系转移的过程，平衡时各子系的化学势相等，即系统具有统一的费米能级。这个结论非常重要，对于处于准平衡的各子系来说，子系的准费米能级的差异是电子在子系间转移的动力，电子的转移一直要到系统有统一的费米能级才会停止。

$f(E)$ 表示能量为 $E$ 的量子态被电子占据的概率，因而 $1-f(E)$ 就是能量为 $E$ 的量子态未被电子占据的概率，也就是量子态被空穴占据的概率，即

$$1-f(E)=\frac{1}{1+\exp\left(\dfrac{E_F-E}{k_0 T}\right)} \tag{6-27}$$

### 6.2.4  导带中的电子浓度和价带中的空穴浓度

计算半导体中载流子浓度时，还是假定能带中的能级是连续分布的，将能带分成一个个很小的能量区间来处理。对于导带分为无限多且无限小的能量区间，则在 $E \sim (E+dE)$ 能量之间有 $dZ=g_c(E)dE$ 个量子态，而电子占据能量为 $E$ 的量子态的概率是 $f(E)$，则在 $E \sim (E+dE)$ 间有 $f(E)g_c(E)dE$ 个被电子占据的量子态，因为每个被占据的量子态上有 1 个电子，所以在 $E \sim (E+dE)$ 间有 $f(E)g_c(E)dE$ 个电子。然后把所有能量区间中的电子数相加，实际上是从导带底到导带顶对 $f(E)g_c(E)dE$ 进行积分，就得到了能带中的电子总数，再除以半导体体积，就得到了导带中的电子浓度。

由于已经得到了允许的量子态按能量的分布规律［即状态密度 $g(E)$］和电子在允许的量子态中分布规律［即费米分布函数 $f(E)$］，在能量 $E \sim (E+dE)$ 间的电子数 $dN$ 为

$$dN=f(E)g_c(E)dE \tag{6-28}$$

单位体积晶体中的电子数为

$$dn=\frac{dN}{V}=\frac{f(E)g_c(E)dE}{V} \tag{6-29}$$

对整个导带能量求积分，就可以得出热平衡状态下单位体积晶体中整个能量范围内的电子数，即导带电子浓度 $n_0$ 为

$$n_0 = \int_{E_c}^{\infty} \frac{f(E)g_c(E)}{V} \mathrm{d}E = 4\pi \frac{(2m_n^*)^{3/2}}{h^3} \int_{E_c}^{\infty} \frac{1}{1 + \exp\left(\dfrac{E - E_F}{k_0 T}\right)} (E - E_c)^{1/2} \mathrm{d}E \qquad (6\text{-}30)$$

其中代入了状态密度和费米分布函数的表达式。式中积分上限取∞的理由是：导带中的电子绝大多数在导带底部附近，能量升高时电子占据量子态的概率迅速趋于零，从而多计入的积分部分并不会影响所得结果。

同理，可得热平衡下价带空穴浓度 $p_0$ 为

$$p_0 = 4\pi \frac{(2m_p^*)^{3/2}}{h^3} \int_{-\infty}^{E_v} \frac{1}{1 + \exp\left(\dfrac{E_F - E}{k_0 T}\right)} (E_v - E)^{1/2} \mathrm{d}E \qquad (6\text{-}31)$$

## 6.2.5 非简并半导体

在 $E - E_F \gg k_0 T$ 时，$\exp\left(\dfrac{E - E_F}{k_0 T}\right) \gg 1$，即 $\dfrac{1}{1 + \exp\left(\dfrac{E - E_F}{k_0 T}\right)} \approx \exp\left(-\dfrac{E - E_F}{k_0 T}\right)$，此时费

米分布函数近似为玻耳兹曼分布函数。费米分布函数和波耳兹曼分布函数的主要区别在于前者要遵循泡利不相容原理，而在 $E - E_F \gg k_0 T$ 时，泡利原理不起作用，此时就可以用玻耳兹曼分布函数进行分析。把电子系统服从玻耳兹曼分布函数的半导体称为非简并半导体。

将玻耳兹曼分布函数代入式(6-30) 得

$$n_0 = 4\pi \frac{(2m_n^*)^{3/2}}{h^3} \int_{E_c}^{\infty} \exp\left(-\frac{E - E_F}{k_0 T}\right) (E - E_c)^{1/2} \mathrm{d}E \qquad (6\text{-}32)$$

利用变量代换来简化求解积分，设

$$x = \frac{E - E_c}{k_0 T} \qquad (6\text{-}33)$$

式(6-32) 变为

$$n_0 = 4\pi \frac{(2m_n^*)^{3/2}}{h^3} (k_0 T)^{3/2} \exp\left(-\frac{E_c - E_F}{k_0 T}\right) \int_0^{\infty} x^{1/2} \mathrm{e}^{-x} \mathrm{d}x \qquad (6\text{-}34)$$

积分项为伽马函数，其值为

$$\int_0^{\infty} x^{1/2} \mathrm{e}^{-x} \mathrm{d}x = \frac{1}{2}\sqrt{\pi}$$

则式(6-34) 结果为

$$n_0 = 2 \frac{(2\pi m_n^* k_0 T)^{3/2}}{h^3} \exp\left(-\frac{E_c - E_F}{k_0 T}\right) \qquad (6\text{-}35)$$

定义参数 $N_c$ 为

$$N_c = 2 \frac{(2\pi m_n^* k_0 T)^{3/2}}{h^3} \qquad (6\text{-}36)$$

称其为导带有效状态密度。

所以热平衡状态下非简并半导体的导带电子 $n_0$ 为

$$n_0 = N_c \exp\left(-\frac{E_c - E_F}{k_0 T}\right) \qquad (6\text{-}37)$$

同理，可求得热平衡状态下非简并半导体的价带空穴 $p_0$ 为

$$p_0 = N_v \exp\left(-\frac{E_F - E_v}{k_0 T}\right) \tag{6-38}$$

其中，$N_v$ 为价带有效状态密度：

$$N_v = 2\frac{(2\pi m_p^* k_0 T)^{3/2}}{h^3} \tag{6-39}$$

如果将式(6-38) 和式(6-39) 相乘，得到载流子浓度的乘积：

$$n_0 p_0 = (N_c N_v)\exp\left(-\frac{E_c - E_v}{k_0 T}\right) = (N_c N_v)\exp\left(-\frac{E_g}{k_0 T}\right) \tag{6-40}$$

将 $N_c$、$N_v$ 表达式代入上式得

$$n_0 p_0 = 4\left(\frac{2\pi k_0}{h^2}\right)(m_n^* m_p^*)^{3/2}\exp\left(-\frac{E_g}{k_0 T}\right) \tag{6-41}$$

可见，对一定的半导体材料，在给定温度下，电子和空穴浓度的乘积是一个不依赖于杂质浓度的常数，因此引入少量适当的杂质而使 $n_0$ 增大，那么必然会使 $p_0$ 减小。这个结果在实践中的应用是通过杂质补偿作用来控制载流子浓度。

## 6.2.6 本征载流子浓度

本征半导体是指完全没有杂质和缺陷的半导体，本征半导体的禁带中没有任何杂质或缺陷能级。在热力学温度零度时，价带中的全部量子态都被电子占据，导带中的量子态则完全是空的。当半导体的温度升高时，就有电子从价带激发到导带中去，这就是所谓的本征激发。本征激发过程中，每激发一个电子到导带中去，就有一个空穴在价带中形成，电子和空穴是成对产生的，如图 6-16(a) 所示，于是热平衡状态下导带电子的浓度必然等于价带空穴的浓度，即

$$n_0 = p_0 \tag{6-42}$$

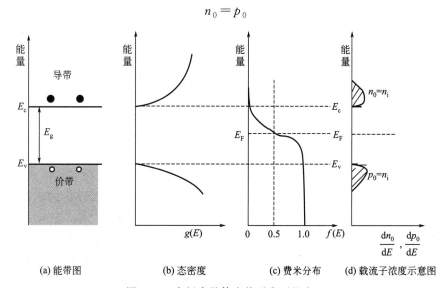

| (a) 能带图 | (b) 态密度 | (c) 费米分布 | (d) 载流子浓度示意图 |

图 6-16　本征半导体在热平衡下的表现

由于电子和空穴带有等量异号电荷，式(6-42) 就是本征激发时的电中性条件。

将式(6-38) 和式(6-39) 代入式(6-42)，可以求出本征半导体的费米能级，并用 $E_i$ 表示。

$$N_c \exp\left(-\frac{E_c - E_F}{k_0 T}\right) = N_v \exp\left(-\frac{E_F - E_v}{k_0 T}\right) \tag{6-43}$$

解得本征费米能级

$$E_i = \frac{E_c + E_v}{2} + \frac{k_0 T}{2} \ln \frac{N_v}{N_c} \tag{6-44}$$

将 $N_c$、$N_v$ 表达式代入式(6-44) 得

$$E_i = \frac{E_c + E_v}{2} + \frac{3k_0 T}{4} \ln \frac{m_p^*}{m_n^*} \tag{6-45}$$

式中第二项一般比第一项小得多，一般可以认为本征半导体的费米能级 $E_i$ 基本上处于禁带的中央。

把本征费米能级代入，可以求得本征载流子浓度

$$n_i = (N_c N_v)^{1/2} \exp\left(-\frac{E_g}{2k_0 T}\right) = 2(m_n^* m_p^*)^{3/4}\left(\frac{2\pi k_0 T}{h^2}\right)^{3/2} \exp\left(-\frac{E_g}{2k_0 T}\right) \tag{6-46}$$

可以看出，本征载流子浓度只与半导体自身的禁带宽度和温度有关。一定的半导体，本征载流子浓度随温度的上升而迅速增加。不同的半导体材料，在温度一定时，禁带宽度越大，本征载流子浓度就越小。

将式(6-46) 和式(6-42) 相比较，可以得到一个重要的关系式

$$n_0 p_0 = n_i^2 \tag{6-47}$$

此式称为质量作用定律，在热平衡状态下此式对于本征半导体和非简并的杂质半导体（非本征半导体）都适用。在非本征半导体中，不管是电子占主导还是空穴占主导，两种载流子的乘积将保持定值。

利用 $n_i$ 和 $E_i$，也可以把电子和空穴浓度写成如下形式

$$n_0 = n_i \exp\left(\frac{E_F - E_i}{k_0 T}\right) \quad \text{或} \quad E_F - E_i = k_0 T \ln\left(\frac{n_0}{n_i}\right) \tag{6-48}$$

$$p_0 = n_i \exp\left(\frac{E_i - E_F}{k_0 T}\right) \quad \text{或} \quad E_i - E_F = k_0 T \ln\left(\frac{p_0}{n_i}\right) \tag{6-49}$$

可以看到，当加入施主或受主杂质时，费米能级会偏离本征费米能级，$n_0$ 和 $p_0$ 也偏离了本征载流子浓度 $n_i$。

## 6.2.7　杂质半导体的载流子浓度

半导体类型

为了控制实际应用的半导体材料的电学性能，需要在本征半导体中掺入一定量的杂质。杂质半导体中既有电子从价带跃迁到导带的本征激发过程，也有电子从价带跃迁到受主能级和从施主能级跃迁到导带的杂质电离过程。杂质的电离能比禁带宽度小很多，所以杂质的电离和半导体的本征激发发生在不同的温度范围。在较低的温度下，首先发生的是杂质的电离；随着温度的升高，杂质的电离不断加强，载流子浓度不断增大，当达到一定的浓度时，杂质达到饱和电离，此温度区域称为杂质电离区，此时本征激发还是很弱，不影响总的载流子浓度。当温度进一步上升，本征激发依然很弱，载流子浓度主要由杂质浓度决定，基本上在一段长的温度范围内保持恒定，称为非本征区。当温度进一步上升，达到某一个值时，本

征载流子浓度可与施主浓度相比拟，半导体的载流子浓度由电离杂质浓度和本征载流子浓度共同决定，此温度区间为本征区。N 型硅自由电子浓度与温度的关系曲线如图 6-17 所示。绝大多数半导体器件都是工作在杂质饱和电离而本征激发可以忽略的非本征区，此时载流子浓度主要由电离杂质浓度决定。

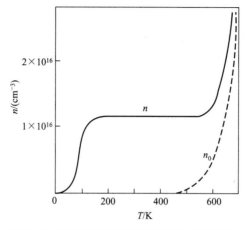

图 6-17　N 型硅电子浓度与温度的关系曲线

**（1）N 型半导体**

在室温下，施主杂质基本上饱和电离。在完全电离的情形下，导带电子浓度就等于施主杂质浓度，即

$$n_0 \approx N_D \tag{6-50}$$

式中，$N_D$ 为施主杂质浓度。

图 6-18 显示了饱和电离的情形，导带中的电子和施主离子两者浓度非常接近。本征激发提供的电子相对于杂质电离提供的电子来说可以忽略，不过还是在价带中形成了一定数量的空穴，其浓度为

$$p_0 = \frac{n_i^2}{n_0} = \frac{n_i^2}{N_D} \tag{6-51}$$

N 型半导体在饱和电离情形下的费米能级：

$$E_F = E_c - k_0 T \ln \frac{N_c}{N_D} \tag{6-52}$$

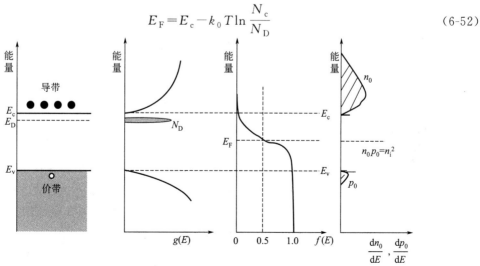

图 6-18　N 型半导体的能带

$$E_F = E_i + k_0 T \ln \frac{N_D}{n_i} \tag{6-53}$$

由此可见，N 型半导体中随着施主杂质浓度的增加，费米能级向导带移动；随着温度的升高，费米能级逐渐偏离导带底，靠近禁带中央。

**（2）P 型半导体**

在室温下，受主杂质也基本上饱和电离。在完全电离的情形下，价带空穴浓度就等于受主杂质浓度，即

$$p_0 \approx N_A \tag{6-54}$$

式中，$N_A$ 为受主杂质浓度。

图 6-19 显示了饱和电离的情形。同样，价带中的空穴和受主离子两者浓度非常接近。本征激发提供的空穴相对于杂质电离提供的空穴来说可以忽略，不过在导带中还是形成了一定数量的电子，其浓度为

$$n_0 = \frac{n_i^2}{p_0} = \frac{n_i^2}{N_A} \tag{6-55}$$

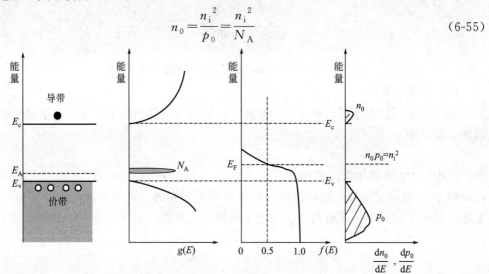

图 6-19　P 型半导体的能带

P 型半导体在饱和电离情形下的费米能级：

$$E_F = E_c + k_0 T \ln \frac{N_v}{N_A} \tag{6-56}$$

$$E_F = E_i - k_0 T \ln \frac{N_A}{n_i} \tag{6-57}$$

由此可见，P 型半导体中随着受主杂质浓度的增加，费米能级向价带移动；随着温度的升高，费米能级逐渐偏离价带底，靠近禁带中央。

**（3）杂质补偿**

半导体同时含有施主杂质和受主杂质时，施主杂质能级上的电子首先要跃迁到能量低得多的受主杂质能级上去，产生杂质补偿，其结果是施主向导带提供电子的能力和受主向价带提供空穴的能力因相互抵消而减弱，如图 6-20 所示。这种现象称为杂质补偿。存在杂质补偿的半导体中，即使在极低的温度下，浓度小的杂质也全部都是电离的。

在 $N_D > N_A$ 的半导体中，全部受主都是电离的。在杂质电离的温度范围内，施主能级上和导带中的电子数是 $N_D - N_A$。这种半导体与施主浓度为 $N_D - N_A$、只含一种施主杂质

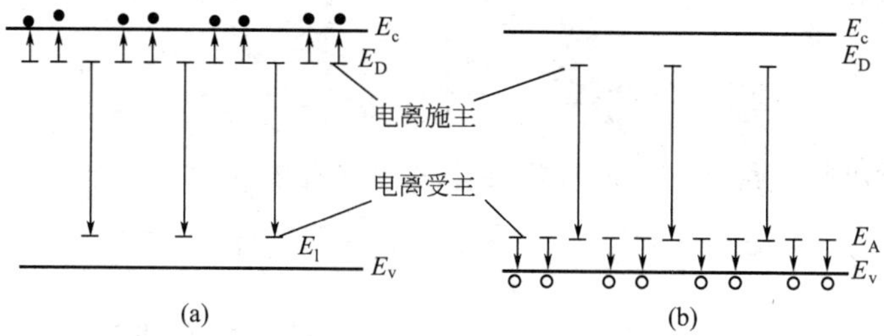

图 6-20　杂质的补偿作用

的半导体是类似的。因此，在杂质饱和电离的温度范围内，导带中电子浓度为

$$n_0 = N_D - N_A \tag{6-58}$$

价带中空穴浓度为

$$p_0 = \frac{n_i^2}{n_0} = \frac{n_i^2}{N_D - N_A} \tag{6-59}$$

相应的费米能级为

$$E_F = E_c - k_0 T \ln \frac{N_c}{N_D - N_A} \tag{6-60}$$

$$E_F = E_i + k_0 T \ln \frac{N_D - N_A}{n_i} \tag{6-61}$$

同样，对于 $N_D < N_A$ 的半导体，有

$$p_0 = N_D - N_A \tag{6-62}$$

$$n_0 = \frac{n_i^2}{p_0} = \frac{n_i^2}{N_A - N_D} \tag{6-63}$$

相应的费米能级为

$$E_F = E_v + k_0 T \ln \frac{N_v}{N_A - N_D} \tag{6-64}$$

$$E_F = E_i - k_0 T \ln \frac{N_A - N_D}{n_i} \tag{6-65}$$

如果 $N_D = N_A$，则全部施主上的电子恰好使受主电离，能带中的载流子只能由本征激发产生，这种半导体被称为完全补偿的半导体。

## 6.2.8　简并半导体

非简并半导体中费米能级是处于禁带中的。对于高掺杂的 N 型半导体，费米能级能够进入导带，导带底附近的量子态基本上已经被电子所占据；对于高掺杂的 P 型半导体，费米能级能够进入价带，价带顶附近的量子态基本上已经被空穴所占据。此时导带或价带中的载流子很多，必须考虑泡利不相容原理的作用，必须要用费米分布函数来分析导带中的电子和价带中的空穴的统计分布问题。这种情况称为载流子发生了简并化。发生载流子简并化的半导体称为简并半导体。

热平衡状态下简并半导体导带电子浓度为

$$n_0 = N_c \frac{2}{\sqrt{\pi}} F_{1/2} \left( \frac{E_F - E_c}{k_0 T} \right) \tag{6-66}$$

其中积分

$$F_{1/2}(\xi) = \int_0^\infty \frac{x^{1/2}}{1 + e^{x-\xi}} dx , \ x = \frac{E - E_c}{k_0 T} \tag{6-67}$$

同样也可以求出热平衡状态下简并半导体价带空穴浓度为

$$p_0 = N_v \frac{2}{\sqrt{\pi}} F_{1/2}\left(\frac{E_v - E_F}{k_0 T}\right) \tag{6-68}$$

关于高掺杂的另一个重要问题是禁带变窄效应，即高掺杂浓度造成半导体禁带宽度变小。室温下，硅的禁带宽度减小量为

$$\Delta E_g = 22\left(\frac{N}{10^{18}}\right)^{1/2} \text{meV} \tag{6-69}$$

其中掺杂的单位为 $cm^{-3}$。例如，当 $N_D \leqslant 10^{18} cm^{-3}$ 时，$\Delta E_g \leqslant 0.022eV$，小于原来禁带宽度值的 2%。然而，当 $N_D \geqslant N_c = 2.86 \times 10^{19} cm^{-3}$ 时，$\Delta E_g \geqslant 0.12eV$，已占 $E_g$ 相当大的比例。

# 6.3  非平衡载流子

在一定的温度下，处于热平衡状态的半导体载流子浓度保持恒定，半导体有统一的费米能级。半导体的热平衡状态是相对的、有条件的。如果对半导体施加外界作用，半导体的热平衡条件不再满足，处于一种偏离平衡状态的非平衡状态。处于非平衡状态的半导体，其载流子浓度也不再是 $n_0$ 和 $p_0$，而是比它们要多出一些。比平衡状态多出来的这部分载流子称为非平衡载流子，也称为过剩载流子，用 $\Delta n$ 和 $\Delta p$ 来表示非平衡载流子浓度。

如果处于热平衡状态的半导体是 N 型半导体，则 $n_0 > p_0$。如果出现非平衡载流子，则把非平衡电子称为非平衡多数载流子，把非平衡空穴称为非平衡少数载流子。P 型半导体的情况正好相反。如果出现非平衡载流子的原因是光照，称为非平衡载流子的光注入。采用适当的光照射半导体时，光子把电子从价带激发到导带上去，同时在价带中留下等量的空穴，使导带比平衡时多出一部分电子 $\Delta n$，价带比平衡时多出一部分空穴 $\Delta p$，且满足

$$\Delta n = \Delta p \tag{6-70}$$

一般情况下，注入的非平衡载流子浓度比平衡状态下的多数载流子浓度要小很多，对 N 型半导体来说，$\Delta n < n_0$，$\Delta p < p_0$，称这种情形为小注入。多出来的非平衡多数载流子相对平衡时的多数载流子来说显得很小，非平衡多数载流子的影响可以忽略，但多出来的非平衡少数载流子还是可以比平衡时少数载流子浓度大得多，非平衡少数载流子的影响就显得非常重要了，所以实际上往往是非平衡少数载流子在起重要作用。通常所说的非平衡载流子就是指非平衡少数载流子。

光照停止后，原来激发到导带上的电子又回到价带，电子和空穴又成对地消失。最后，载流子浓度恢复到平衡时的值，半导体又回到热平衡状态，过剩载流子逐渐消失，这一过程称为非平衡载流子的复合。

## 6.3.1  准费米能级

热平衡状态下整个半导体中有统一的费米能级，电子和空穴浓度是同一个费米能级的函

数，在非简并的情况下

$$n_0 = N_c \exp\left(-\frac{E_c - E_F}{k_0 T}\right) \tag{6-71}$$

$$p_0 = N_v \exp\left(-\frac{E_F - E_v}{k_0 T}\right) \tag{6-72}$$

正是有了统一的费米能级，热平衡状态下，半导体中的电子和空穴浓度的乘积才会等于一个定值。因此，可以说统一的费米能级是热平衡状态的标志。

当半导体受到外界的影响，破坏了热平衡，使半导体处于非平衡状态时，就不存在统一的费米能级了。事实上，电子系统的热平衡状态是通过热跃迁实现的。在一个能带范围内，热跃迁十分频繁，极短的时间内就能导致一个能带内的热平衡。然而，电子在两个能带之间，例如导带和价带之间的热跃迁就稀少得多，因为中间还隔着禁带。

当半导体的平衡状态遭到破坏而处于非平衡状态时，由于上述原因，可以认为，分别就导带和价带中的电子来说，它们各自基本上处于平衡状态，而导带和价带之间处于不平衡状态。因而导带和价带可认为处于局部的平衡状态，有各自的局部费米能级，称为准费米能级。导带和价带间的不平衡就表现在它们的准费米能级是不重合的。导带的准费米能级也称为电子费米能级，用 $E_{Fn}$ 表示；价带的准费米能级也称为空穴准费米能级，用 $E_{Fp}$ 表示，如图 6-21 所示。

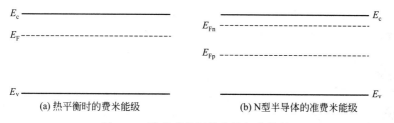

(a) 热平衡时的费米能级      (b) N型半导体的准费米能级

图 6-21 准费米能级偏离能级的情况

引入准费米能级后，对于非简并的情况，非平衡状态下的载流子浓度可以写为

$$n = n_0 + \Delta n = N_c \exp\left(-\frac{E_c - E_{Fn}}{k_0 T}\right) \tag{6-73}$$

$$p = p_0 + \Delta p = N_v \exp\left(-\frac{E_{Fp} - E_v}{k_0 T}\right) \tag{6-74}$$

此时电子浓度和空穴浓度的乘积是

$$np = n_0 p_0 \exp\left(\frac{E_{Fn} - E_{Fp}}{k_0 T}\right) = n_i^2 \exp\left(\frac{E_{Fn} - E_{Fp}}{k_0 T}\right) \tag{6-75}$$

可见，$E_{Fn}$ 和 $E_{Fp}$ 偏离的大小直接反映了 $np$ 和 $n_i^2$ 相差的程度，即反映了半导体偏离热平衡状态的程度。

## 6.3.2 半导体的光吸收

光在半导体材料中传播时会出现能量衰减现象，即产生光的吸收，如图 6-22 所示。假设一束适当波长的单色光照射半导体材料，入射到半导体表面的光子通量为 $\Phi_0$，当光在半

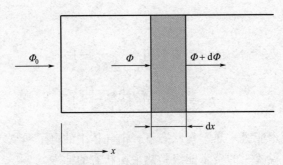

图 6-22　光在媒介中的吸收

导体中传播时，有一部分的光被吸收。用透射法测定光的衰减时，发现媒介中光的衰减与光强（光子通量）成正比，即

$$\frac{\mathrm{d}\Phi(x)}{\mathrm{d}x} = -\alpha\Phi(x) \tag{6-76}$$

式中，$\alpha$ 为比例系数，称为媒介的吸收系数。负号表示由于光吸收，光子通量减少。积分并将边界条件 $\Phi_0$ 代入可得

$$\Phi(x) = \Phi_0 \mathrm{e}^{-\alpha x} \tag{6-77}$$

由式（6-77）可知，$\alpha$ 的物理意义是：光在媒介中传播能量衰减到原值的 $1/\mathrm{e}$ 时经过的距离为 $1/\alpha$。

**(1) 本征吸收**

当一定波长的光照射半导体材料时，电子吸收足够的能量，从价带跃迁到导带，而在价带中留下一个空穴，形成电子-空穴对。这种电子在带与带之间跃迁所形成的吸收过程称为本征吸收，如图 6-23 所示。显然，要发生本征吸收，光子能量必须等于或大于半导体材料的禁带宽度 $E_g$，即 $h\nu \geqslant h\nu_0 = E_g$。$h\nu_0$ 是能够引起本征吸收的最低限度光子能量，即频率小于 $\nu_0$ 或波长大于 $\lambda_0$ 时不可能产生本征吸收。这种特定的频率 $\nu_0$ 或特定的波长 $\lambda_0$，称为半导体的本征吸收限。而能量大于 $h\nu_0$ 时除了产生电子-空穴对外，多余的能量将以热的形式耗散掉。利用关系式 $c = \lambda\nu$，可得本征吸收长波限的表达式为

$$\lambda_0 = \frac{1.24}{E_g} (\mu\mathrm{m}) \tag{6-78}$$

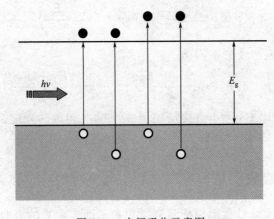

图 6-23　本征吸收示意图

本征吸收的跃迁过程中，能量和动量必须守恒。对于不同能带结构的半导体，表现出两种不同形式的本征吸收——直接跃迁和间接跃迁。发生直接跃迁的半导体对应直接带隙半导体，发生间接跃迁的半导体对应间接带隙半导体。

**(2) 直接跃迁和间接跃迁**

图 6-24 中显示的是直接带隙半导体的本征吸收过程。直接带隙半导体中电子吸收光子产生跃迁时波矢保持不变，这种跃迁就是直接跃迁。从图上可以看出，电子直接跃迁时前后状态处于同一垂线上。设电子跃迁前后的动量和能量分别为 $p_i$、$E_i$ 和 $p_f$、$E_f$，跃迁时光子的动量为 $p_r$，其定义为 $p_r = h\nu/c$，因为光速是个很大的值，光子动量可以忽略不计，跃迁过程中动量守恒条件可表示为 $p_i + p_r = p_f$，从而

$$p_i = p_f \tag{6-79}$$

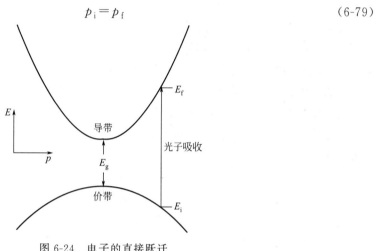

图 6-24　电子的直接跃迁

初始能态和终止能态之间的能量差等于光子的能量，能量守恒条件为 $E_f - E_i = h\nu$，进一步地

$$E_f = E_c + \frac{p_f^2}{2m_n^*}, \ E_i = E_v - \frac{p_i^2}{2m_p^*} \tag{6-80}$$

于是有

$$h\nu = E_c - E_v + \frac{p_f^2}{2m_n^*} + \frac{p_i^2}{2m_p^*} \tag{6-81}$$

从动量守恒关系得到 $p_i^2 = p_f^2 = p^2$，于是

$$h\nu = E_g + \frac{p^2}{2}\left(\frac{1}{m_n^*} + \frac{1}{m_p^*}\right) = E_g + \frac{p^2}{2m_{comb}} \tag{6-82}$$

其中，$m_{comb} = (m_n^* m_p^*)/(m_n^* + m_p^*)$ 是所谓的折合质量（Combined mass）。

随着光子能量 $h\nu$ 的增加，跃迁发生时系统的动量增加，初始能态和终止能态的带间能量之差也增加。光子吸收的概率取决于初始能态的电子密度和终止能态的空穴密度，而这两个密度也随远离带边而增大，所以，吸收系数随光子能量增加有增大的趋势。在光子能量等于或大于半导体材料的禁带宽度 $E_g$ 时，吸收系数与光子能量的关系为

$$\alpha(h\nu) \approx A^*(h\nu - E_g)^{1/2} \tag{6-83}$$

式中，$A^*$ 是与材料有关的参量。

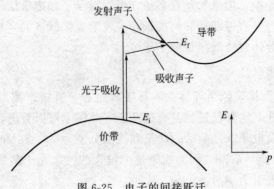

图 6-25　电子的间接跃迁

光子能量 $h\nu < E_g$ 时，不能被吸收，从而吸收系数等于零，此时光子可能被反射或透射。

对于像硅、锗一类的间接带隙半导体，价带顶位于 $\boldsymbol{k}$ 空间原点，而导带底不在 $\boldsymbol{k}$ 空间原点，也就是导带的最低能量值与价带的最高能量值对应不同的动量值，这时发生的本征吸收不是直接跃迁而是间接跃迁，如图 6-25 所示。间接跃迁是一个二级过程，电子吸收光子的同时还要与晶格交换一定的振动能量，即吸收或放出 1 个声子，以保持动量守恒和能量守恒。间接跃迁过程有电子、光子和声子的同时参与，声子辅助本征吸收间接跃迁的能量和动量关系为

$$p_i + p_r \pm hq = p_f \tag{6-84}$$

$$h\nu \pm E_p = E_f - E_i \tag{6-85}$$

其中，$q$ 是声子波矢；$E_p$ 是声子能量；"+"表示吸收声子，"−"表示发射声子。

间接跃迁的吸收过程一方面是电子和光子的相互作用，另一方面是电子和声子的相互作用，是一个二级过程，发生的概率比直接跃迁过程发生的概率要小得多，因此间接跃迁的光吸收系数比直接跃迁的光吸收系数要小得多。

对吸收系数的理论分析表明，包括吸收声子的跃迁过程，吸收系数为

$$\alpha_a(h\nu) = A \frac{(h\nu - E_g + E_p)^2}{e^{E_p/k_0 T} - 1} \tag{6-86}$$

包括发射声子的跃迁过程，吸收系数为

$$\alpha_e(h\nu) = A \frac{(h\nu - E_g - E_p)^2}{1 - e^{-E_p/k_0 T}} \tag{6-87}$$

在 $h\nu > E_g + E_p$ 时，吸收声子和发射声子的跃迁都可以发生，吸收系数为

$$\alpha(h\nu) = \alpha_a(h\nu) + \alpha_e(h\nu) \tag{6-88}$$

由于间接跃迁需要电子和声子的参与，光子吸收的概率不仅取决于初始能态的电子密度和终止能态的空穴密度，还取决于可利用的声子。因此，相较于直接跃迁，间接跃迁的吸收系数很小。图 6-26 显示了直接带隙半导体 GaAs 和间接带隙半导体 Si 的吸收系数。

对于重掺杂的半导体，例如 N 型半导体，费米能级将进入导带，费米能级以下的状态已经被电子占满，价带电子只能跃迁到费米能级以上的状态，所以本征吸收的长波限会向短波方向移动，这一现象称为伯斯坦（Burstein）移动。

在强电场的作用下，本征吸收的长波限将向长波方向移动，这一现象称为费朗兹-克尔

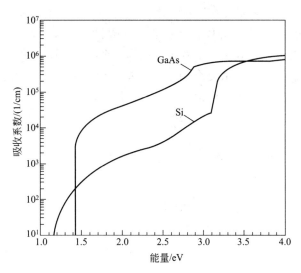

图 6-26　本征吸收和能量的关系

德什(Franz-Keldysh) 效应。这个效应使能量比禁带宽度 $E_g$ 小的光子也能发生本征吸收，其效果如同减小了禁带宽度。

**(3) 其他吸收过程**

实验发现，波长比本征吸收限 $\lambda_0$ 长的入射光在半导体中也可能被吸收。这说明，除了本征吸收外，还存在其他的光吸收过程，主要有自由载流子吸收、杂质吸收、激子吸收等。

发生自由载流子吸收时，电子从低能态到高能态的跃迁是在同一能带内进行的。这种跃迁也必须满足能量守恒和动量守恒关系，所以在跃迁时也伴随吸收或发射声子的过程。

束缚在杂质能级上的电子或空穴也可以引起光的吸收。电子可以吸收光子而跃迁到导带；空穴也可以吸收光子而跃迁到价带（或者说价带中的电子跃迁到杂质能级，填补了束缚于其上的空穴）。这种光吸收称为杂质吸收。

如果光子能量 $h\nu$ 小于 $E_g$，价带电子受激后虽然跃出了价带，但还不足以进入导带而成为自由电子，仍然受到空穴的库仑场作用。实际上，受激电子和空穴互相束缚而结合在一起成为一个新的系统，这种系统称为激子，这样的光吸收称为激子吸收。激子吸收一般只能在低温下才能观测到，不过对于某些材料，如 ZnO，在室温下也能观测到激子吸收现象。另一种增强激子吸收的方法是制备纳米材料，当纳米粒子粒径变小后，激子吸收现象非常明显。

如果半导体中存在大量的杂质时，禁带中的杂质能级可能转变成与导带或价带连接的能带。另外，如果半导体材料结构不完整，那么大量存在的缺陷能级也可能形成连续的带尾态，这些带尾态可以深入禁带中心处。例如未经特殊处理的非晶半导体中往往存在大量的带尾态。载流子从带尾态至导带或价带向带尾态的跃迁，使得在吸收谱的低能侧产生新的吸收，这就是禁带中的带尾态的吸收（Urbach 吸收）。

## 6.3.3　非平衡载流子的寿命

光照停止后，非平衡态要回复到平衡态，非平衡载流子逐渐消失。非平衡载流子并不是产生之后又立刻消失，而是有一定的生存时间。非平衡载流子的平均生存时间称为非平衡载流子的寿命，用 $\tau$ 表示。由于非平衡少数载流子变化显著，所以非平衡载流子的寿命指的就是非平衡少数载流子的寿命。显然 $1/\tau$ 就表示单位时间内非平衡载流子的复合概率。

考虑一束光照射一块 N 型半导体，产生的非平衡载流子浓度为 $\Delta n$ 和 $\Delta p$。在 $t=0$ 时刻光照停止，单位时间内非平衡载流子浓度减少应为 $-\mathrm{d}\Delta p(t)/Dt$，负号表示载流子浓度的减少。由于非平衡载流子的减少是由复合引起的，单位时间单位体积内复合消失的电子-空穴对数称为非平衡载流子的复合率，可由 $\Delta p/\tau$ 表示，所以有

$$-\frac{\mathrm{d}\Delta p(t)}{\mathrm{d}t}=\frac{\Delta p(t)}{\tau} \tag{6-89}$$

小注入时，$\tau$ 是一恒量，与 $\Delta p(t)$ 无关，解方程得

$$\Delta p(t)=Ce^{-\frac{t}{\tau}} \tag{6-90}$$

设 $t=0$ 时，$\Delta p(0)=(\Delta p)_0$，代入式(6-90) 得 $C=(\Delta p)_0$，所以

$$\Delta p(t)=(\Delta p)_0 e^{-t/\tau} \tag{6-91}$$

可以看出，非平衡载流子浓度随时间按指数规律衰减，如图 6-27 所示。

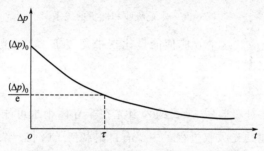

图 6-27　非平衡载流子浓度随时间的衰减

若取 $t=\tau$，则 $\Delta p(\tau)=(\Delta p)_0/e$，所以寿命是标志着非平衡载流子浓度减小到原值的 $1/e$ 所经历的时间。

## 6.3.4　复合过程

适当波长的光照射在半导体上产生电子-空穴对，出现非平衡载流子。光照停止后，非平衡态要向平衡态过渡，引起非平衡载流子的复合。载流子的各种复合方式如图 6-28 所示。

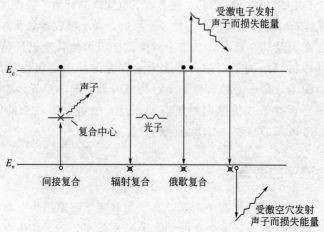

图 6-28　载流子的各种复合方式

半导体中非平衡载流子的复合，从复合过程的微观机构来说，大致可以分为两种：

① 直接复合　电子从导带直接跃迁到价带与空穴复合；

② 间接复合　电子和空穴通过禁带中的复合中心进行复合。

根据复合发生的位置，大致可以分为体内复合和表面复合。

根据复合时释放能量的方式又可以分为：

① 辐射复合　电子和空穴复合时发出光子，出现发光现象；

② 俄歇复合　复合时将多余能量给予其他的载流子，增加它们的动能；

③ 发射声子的复合　复合时将多余的能量传递给晶格，加强晶格的振动。

半导体中总是存在电子和空穴的产生与复合两个相反的过程。通常把单位时间单位体积内产生的电子-空穴对数称为产生率，而把单位时间单位体积内复合掉的电子-空穴对数称为复合率。

**（1）带-带之间的辐射复合**

半导体导带中的电子直接落入价带与价带中的空穴相遇而复合，使一对电子和空穴同时消失并发射出一个光子。这种由电子在导带和价带之间直接跃迁而引起的非平衡载流子的复合过程，就是直接复合。直接复合往往伴随光子的发射，即与辐射复合是联系在一起的。复合率 $R$ 与导带中的电子浓度和价带中的空穴浓度成正比，于是有

$$R = rnp \tag{6-92}$$

式中，比例常数 $r$ 称为电子-空穴复合概率，对给定的半导体来说是一个常数，仅与温度有关，而与 $n$ 和 $p$ 无关。

热平衡时，载流子的产生过程与复合过程建立起动态平衡，产生率 $G$ 等于复合率 $R$，此时 $n = n_0$，$p = p_0$，在非简并的情况下

$$G = R = rn_0 p_0 = rn_i^2 \tag{6-93}$$

非平衡状态时，产生率和复合率不相等，复合率减去产生率就等于非平衡载流子的净复合率，由此可以求得非平衡载流子的直接净复合率 $U_d$ 为

$$U_d = R - G = r(np - n_i^2) \tag{6-94}$$

把 $n = n_0 + \Delta n$，$p = p_0 + \Delta p$ 以及 $\Delta n = \Delta p$ 代入式（6-94）可得

$$U_d = r(n_0 + p_0)\Delta p + r(\Delta p)^2 \tag{6-95}$$

所以非平衡载流子的寿命为

$$\tau = \frac{\Delta p}{U_d} = \frac{1}{r[(n_0 + p_0) + \Delta p]} \tag{6-96}$$

由此式可知，$r$ 越大，净复合率越大，寿命 $\tau$ 越小。寿命 $\tau$ 还与平衡载流子浓度和非平衡载流子浓度有关。

**（2）经复合中心的间接复合**

半导体中的杂质和缺陷在禁带中形成一定的能级，它们可能提供载流子而影响半导体的电学特性，另外也可能形成复合中心，促进载流子的复合，对非平衡载流子的寿命产生很大影响。实验发现，半导体中的杂质和缺陷越多，寿命就越短，这说明杂质和缺陷有促进复合的作用。这些促进复合的杂质和缺陷称为复合中心。间接复合就是非平衡载流子通过复合中心所进行的复合。

间接复合是一种二级复合过程，电子-空穴的复合可分为两步：第一步，导带电子落入

复合中心能级；第二步，这个电子再落入价带与空穴复合。显然，还存在上述两个过程的逆过程。所以，相对于复合中心能级 $E_t$ 而言，间接复合共有 4 个微观过程，如图 6-29 所示。

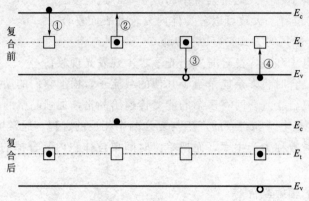

图 6-29    间接复合的四个过程

① 俘获电子过程    复合中心能级 $E_t$ 从导带俘获电子。

② 发射电子过程    复合中心能级 $E_t$ 上的电子被激发到导带（①的逆过程）。

③ 俘获空穴过程    电子由复合中心能级 $E_t$ 落入价带与空穴复合。也可以看成是复合中心能级 $E_t$ 从价带俘获了一个空穴。

④ 发射空穴过程    价带电子被激发到复合中心能级 $E_t$ 上。也可以看成是复合中心能级 $E_t$ 向价带发射了一个空穴（③的逆过程）。

对于只有一种复合中心能级 $E_t$ 的间接复合称为 SRH（Shockley-Read-Hall）复合。略去复杂的分析步骤，SRH 复合的净复合率为

$$U_{SRH} = \frac{np - n_i^2}{\tau_p(n + n_t) + \tau_n(p + p_t)} \tag{6-97}$$

$$n_t = n_i \exp\left(\frac{E_t - E_i}{k_0 T}\right)$$

$$p_t = n_i \exp\left(\frac{E_i - E_t}{k_0 T}\right)$$

其中 $\tau_n$ 和 $\tau_p$ 分别为电子与空穴的寿命，可以表示为

$$\tau_n = \frac{1}{v_n \sigma_n N_t}, \ \tau_p = \frac{1}{v_p \sigma_p N_t} \tag{6-98}$$

式中，$N_t$ 为复合中心浓度；$v_n$ 和 $v_p$ 分别为电子和空穴的平均热运动速度；$\sigma_n$ 和 $\sigma_p$ 分别为复合中心对电子和空穴的俘获截面。

假设 $\tau_n = \tau_p$（对一般的复合中心可以做这样的近似），上式化简为

$$U_{SRH} = \frac{np - n_i^2}{\tau_n\left[n + p + 2n_i \exp\left(\dfrac{E_t - E_i}{k_0 T}\right)\right]} \tag{6-99}$$

当 $E_t = E_i$ 时，$U_{SRH}$ 有极大值。所以位于禁带中央附近的深能级是最有效的复合中心，而远离禁带中央的浅能级不能起有效的复合中心的作用。

**(3) 俄歇复合**

载流子从高能态向低能态跃迁，发生电子与空穴的复合，然而复合释放的能量不是直接

发出光子，而是把能量传递给了另一个邻近的载流子，将这个载流子激发到更高的能态上去，随后又从高能态重新跃迁回低能态，并将能量以声子的形式释放掉。这种复合就是俄歇复合，显然，这是一种非辐射复合。

俄歇复合涉及 3 个载流子。对于带间俄歇复合，如图 6-28 所示，导带中的一个电子和价带中的一个空穴复合时，将能量传递给导带中的另一个电子，这个电子被激发到更高的能态上去，用 $R_{ee}$ 表示这种涉及两个电子和一个空穴的复合率。同理，用 $R_{hh}$ 表示涉及两个空穴和一个电子的复合率，即

$$R_{ee} = r_e n^2 p, \ R_{hh} = r_h n p^2 \tag{6-100}$$

式中，$r_e$ 和 $r_h$ 为复合系数。

俄歇复合的逆过程就是更为熟知的碰撞电离。在碰撞电离过程中，高能电子与晶格中的原子碰撞，打开一个键并产生一个电子-空穴对，这个高能电子由于失去能量又回到低能态。用 $G_{ee}$ 来表示这种电子-空穴对的产生率，同理还可以得到另一种产生率 $G_{hh}$，即

$$G_{ee} = g_e n, \ G_{hh} = g_h p \tag{6-101}$$

式中，$g_e$ 和 $g_h$ 是碰撞电离的产生速率。

根据细致平衡原理，热平衡时产生率等于复合率，即

$$G_{ee0} = R_{ee0}, \ G_{hh0} = R_{hh0} \tag{6-102}$$

因此，非简并情况下非平衡载流子的净复合率 $U_{aug}$ 为

$$U_{aug} = (R_{ee} + R_{hh}) - (G_{ee} + G_{hh}) = (r_e n + r_h p)(np - n_i^2) \tag{6-103}$$

**(4) 表面复合**

对于有限尺寸的半导体，晶体结构在表面突然中断，从而产生大量悬挂键；表面上也容易发生损伤及吸附外来杂质。对于表面区域所形成的这些局部能态，称为表面态。还有就是两种不同材料之间会形成界面，如异质结。由于晶体结构的突变，或晶格的中止，都有可能在交界面处产生缺陷态。表面态和界面态都将在半导体的禁带中引入复合中心能级，严重影响少数载流子的寿命。

表面复合是指发生在半导体表面的复合过程。表面态所形成的复合中心也对复合有促进作用，也是一个二级复合过程，因此可以用间接复合理论来分析表面复合问题。对单能级表面态而言，表面净复合率 $U_s$ 与式(6-97) 有类似的形式，即

$$U_s = \frac{s_n s_p (np - n_i^2)}{s_n(n + n_t) + s_p(p + p_t)} \tag{6-104}$$

式中，$s_n$ 和 $s_p$ 分别为电子和空穴的有效表面复合速度。半导体表面缺陷较严重（图 6-30），具有较高的表面复合速度，会使注入的载流子更多地在表面复合而消失掉，没有经过器件的有效区域，严重降低了器件的工作性能，因此为了改善器件性能，需要获得良好而稳定的表面。另外，位于禁带中央附近的表面态能级也是最有效的复合中心。

考虑了表面复合后，实际测得的寿命应该是体内复合和表面复合的综合结果。假设这两种复合是独立平行发生的，用 $\tau_v$ 表示体内复合寿命，则 $1/\tau_v$ 就是体内复合概率；用 $\tau_s$ 表示表面复合寿命，则 $1/\tau_s$ 就是表面复合概率。总的复合概率 $1/\tau$ 为

$$\frac{1}{\tau} = \frac{1}{\tau_v} + \frac{1}{\tau_s} \tag{6-105}$$

式中，$\tau$ 为有效寿命。

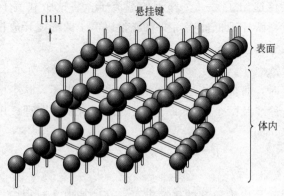

图 6-30　半导体表面原子结构示意图

# 6.4　载流子的输运

半导体中导带电子和价带空穴在外场的作用下产生的运动，称为载流子的输运。主要的输运机制包括电场引起的载流子的漂移运动和浓度梯度引起的载流子的扩散运动，此外半导体的温度梯度也能引起载流子的运动。

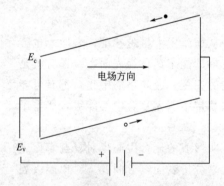

图 6-31　用能带图来说明载流子的漂移

## 6.4.1　漂移运动

在电场的作用下，半导体中的空穴将沿电场方向以平均漂移速度 $\bar{v}_{dp}$ 运动（图 6-31 为载流子的漂移运动），形成的漂移电流密度为

$$(J_p)_{漂} = q p \bar{v}_{dp} \qquad (6\text{-}106)$$

其中，$(J_p)_{漂}$ 表示空穴形成的漂移电流密度，单位是 $C/(cm^2 \cdot s)$ 或 $A/cm^2$。

对于一个恒定电场，空穴的运动方程为

$$F = m_p^* a = qE \qquad (6\text{-}107)$$

其中，$a$ 代表加速度；$E$ 代表电场强度；$m_p^*$ 为空穴的有效质量。

空穴在电场的作用下作加速运动，但是半导体中的载流子在运动的过程中会不断地与热振动着的晶格原子或电离了的杂质原子发生碰撞，碰撞后载流子的运动速度和方向就会发生改变。也就是说半导体晶体中的原子并不是固定不动的，而是相对于自己的平衡位置进行热振动。实际晶体中还存在各种晶格缺陷，这些都会使半导体晶体中的势场偏离理想的周期性势场，相当于在严格的周期性势场上叠加了附加势场。附加势场将使载流子的运动状态发生改变，这种现象称为载流子的散射。散射改变了载流子运动的速度特性。

在电场的作用下，空穴获得能量，速度增加。当空穴受到散射时，又会损失能量或改变运动方向。而后空穴将重新加速并获得能量，直到下一次受到散射，如此反复。因此，在整个过程中空穴将具有一个平均漂移速度，在弱电场的情况下，其与电场强度成正比

$$\bar{v}_{dp} = \mu_p E \qquad (6\text{-}108)$$

比例系数 $\mu_p$ 称为空穴迁移率，定义为单位电场强度下空穴的漂移速度。迁移率是半导体的一个重要参数，它描述了载流子在电场作用下的运动特性。迁移率的单位通常为 $cm^2/(V \cdot s)$。

由式（6-106）和式（6-108）可得空穴漂移电流密度为

$$(J_p)_漂 = q\bar{p}\bar{v}_{dp} = q\mu_p pE \tag{6-109}$$

同理，可得电子的漂移电流密度为

$$(J_n)_漂 = -qn\bar{v}_{dn} \tag{6-110}$$

$(J_n)_漂$ 表示电子的漂移电流密度，$\bar{v}_{dn}$ 表示电子的平均漂移速度，负号表明电子带负电。

弱电场情况下，电子的平均漂移速度也与电场强度成正比，但由于电子带负电，电子的运动方向与电场方向相反，所以

$$\bar{v}_{dn} = -\mu_n E \tag{6-111}$$

$$(J_n)_漂 = -qn(-\mu_n E) = q\mu_n nE \tag{6-112}$$

总漂移电流密度是电子电流密度和空穴电流密度之和，即

$$J = (J_n)_漂 + (J_p)_漂 = q(\mu_n n + \mu_p p)E \tag{6-113}$$

## 6.4.2 迁移率

迁移率反映了载流子的漂移特性，与半导体晶体中载流子运动时所受到的散射密切相关。在半导体中主要有两种散射机构影响载流子的迁移率：晶格散射和电离杂质散射。

当温度高于绝对零度时，晶格中的原子具有一定的热能，各自在其平衡位置附近作无规则的热振动。由于原子之间的相互作用，一个原子的振动要依次传递给其他原子。晶体中这种原子振动的传播称为格波。晶格振动的能量是量子化的，格波的能量子称为声子。晶格振动破坏了理想周期性势场，导致电子与空穴在晶体中运动时与振动的晶格原子发生相互作用，即发生了晶格散射，也称为声子散射。

声子的散射涉及光学声子和声学声子。只考虑声学声子散射时迁移率与温度的关系有

$$\mu_s \propto T^{-3/2} \tag{6-114}$$

只考虑光学声子散射时迁移率与温度的关系有

$$\mu_o \propto \left[\exp\left(\frac{\hbar\omega_l}{k_0 T}\right) - 1\right] \tag{6-115}$$

电离后的杂质因带电荷而在其周围形成一个库仑势场，这个库仑势场同样破坏了周期性势场，使载流子的运动方向发生改变。这种影响载流子迁移率的散射机构称为电离杂质散射。只考虑电离杂质散射时迁移率与温度的关系为

$$\mu_i \propto N_i^{-1} T^{3/2} \tag{6-116}$$

其中 $N_i$ 为电离杂质浓度。

对于硅、锗等元素半导体，主要的散射机构是声学声子散射和电离杂质散射，载流子迁移率 $\mu$ 可由下式得到

$$\frac{1}{\mu} = \frac{1}{\mu_s} + \frac{1}{\mu_i} \tag{6-117}$$

### 6.4.3  扩散运动

微观粒子在各处的浓度不均匀时，由于粒子的无规则热运动，会导致粒子由浓度高的地方向浓度低的地方扩散。扩散运动是粒子的有规则运动，但它又与粒子的无规则热运动密切相关。

对于一块均匀掺杂的半导体，各处的浓度相同，也就不会出现载流子的扩散运动。如果用一束适当波长的光均匀照射半导体的表面，那么在半导体的表面薄层就会由于吸收光而产生非平衡载流子，而内部非平衡载流子却很少。这样半导体表面的非平衡载流子的浓度比内部高，从而引起非平衡载流子自表面向内部扩散。

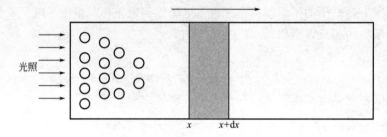

图 6-32　非平衡载流子的扩散

以 N 型半导体中非平衡载流子的一维扩散为例，如图 6-32 所示，非平衡载流子沿 $x$ 方向扩散，在扩散距离增加 $\mathrm{d}x$ 时，电子在 $x$ 方向上的浓度梯度为 $\mathrm{d}\Delta p(x)/\mathrm{d}x$，则单位时间通过单位面积（垂直于 $x$ 轴）的非平衡载流子数，即空穴的扩散流密度 $S_\mathrm{p}$ 为

$$S_\mathrm{p} = -D_\mathrm{p}\frac{\mathrm{d}\Delta p(x)}{\mathrm{d}x} \tag{6-118}$$

式中，比例系数 $D_\mathrm{p}$ 称为空穴扩散系数，$\mathrm{cm}^2/\mathrm{s}$，表示非平衡载流子扩散能力的大小，负号表示空穴由浓度高的地方向浓度低的地方扩散。

空穴自表面向内部不断扩散，在扩散过程中与相遇的电子不断复合而消失。若光照恒定，空穴扩散走的同时又将有等量的空穴补充进来，所以在半导体表面处空穴浓度将维持一个恒定值，半导体内部各点的空穴浓度也不随时间而改变，形成稳定的分布。这种情况称为稳定扩散。

一维稳定扩散情况下，扩散流密度 $S_\mathrm{p}$ 也随位置 $x$ 而变化（图 6-33），单位时间单位体积内积累的空穴数为

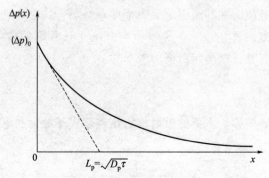

图 6-33　稳态非平衡载流子随位置变化曲线

$$-\frac{\mathrm{d}S_\mathrm{p}(x)}{\mathrm{d}x}=D_\mathrm{p}\frac{\mathrm{d}^2\Delta p(x)}{\mathrm{d}x^2} \tag{6-119}$$

在稳定扩散的情况下，它应等于单位时间单位体积内由于复合而消失掉的空穴数 $\Delta p(x)/\tau$，这里 $\tau$ 是非平衡少数载流子的寿命，因此

$$D_\mathrm{p}\frac{\mathrm{d}^2\Delta p(x)}{\mathrm{d}x^2}=\frac{\Delta p(x)}{\tau} \tag{6-120}$$

这就是一维稳定扩散情况下非平衡少数载流子的扩散方程，称为稳态扩散方程，其普遍解为

$$\Delta p(x)=A\exp\left(-\frac{x}{L_\mathrm{p}}\right)+B\exp\left(\frac{x}{L_\mathrm{p}}\right) \tag{6-121}$$

式中 $L_\mathrm{p}=\sqrt{D_\mathrm{p}\tau}$。当 $x=0$ 时，$\Delta p(0)=(\Delta p)_0=A+B$。

当样品足够厚时，非平衡载流子在尚未到达样品的另一端就因复合而消失掉了。极端的情况是 $x$ 趋向无穷大时 $\Delta p(\infty)=0$，因此 $B=0$，$A=(\Delta p)_0$，上式成为

$$\Delta p(x)=(\Delta p)_0\exp\left(-\frac{x}{L_\mathrm{p}}\right) \tag{6-122}$$

这表明非平衡载流子浓度从光照表面向内部扩散时按指数规律衰减。当 $x=L_\mathrm{p}$ 时，$\Delta p(L_\mathrm{p})=(\Delta p)_0/e$，所以 $L_\mathrm{p}$ 表示空穴在边扩散边复合的过程中，减少到原值的 $1/e$ 所扩散的长度。非平衡载流子平均扩散的距离是

$$\overline{x}=\frac{\displaystyle\int_0^\infty x\Delta p(x)\mathrm{d}x}{\displaystyle\int_0^\infty \Delta p(x)\mathrm{d}x}=\frac{\displaystyle\int_0^\infty x\exp\left(-\frac{x}{L_\mathrm{p}}\right)\mathrm{d}x}{\displaystyle\int_0^\infty \exp\left(-\frac{x}{L_\mathrm{p}}\right)\mathrm{d}x}=L_\mathrm{p} \tag{6-123}$$

所以 $L_\mathrm{p}=\sqrt{D_\mathrm{p}\tau}$ 称为扩散长度，标志着非平衡载流子深入样品的平均距离。

当样品厚度一定时，如为 $W$，并且在样品的另一端设法将非平衡载流子全部引出，即假设 $x=0$ 处，$\Delta p(0)=(\Delta p)_0$；$x=W$ 处，$\Delta p(W)=0$，于是有

$$A\exp\left(-\frac{W}{L_\mathrm{p}}\right)+B\exp\left(\frac{W}{L_\mathrm{p}}\right)=0 \tag{6-124}$$

当 $W\ll L_\mathrm{p}$ 时，联立上述边界条件并简化得到

$$\Delta p(x)=(\Delta p)_0\left(1-\frac{x}{W}\right) \tag{6-125}$$

这时，非平衡载流子浓度在样品内呈线性分布。

对电子来说，电子的扩散流密度 $S_\mathrm{n}$ 为

$$S_\mathrm{n}=-D_\mathrm{n}\frac{\mathrm{d}\Delta n(x)}{\mathrm{d}x} \tag{6-126}$$

式中，比例系数 $D_\mathrm{n}$ 称为电子扩散系数。相应的稳态扩散方程为

$$D_\mathrm{n}\frac{\mathrm{d}^2\Delta n(x)}{\mathrm{d}x^2}=\frac{\Delta n(x)}{\tau} \tag{6-127}$$

由于电子和空穴都是带电粒子，它们的扩散运动必然伴随着电流的出现，形成所谓的扩散电流。电子的扩散电流密度为

$$(J_n)_{扩} = -qS_n = qD_n \frac{d\Delta n(x)}{dx} \tag{6-128}$$

空穴的扩散电流密度为

$$(J_p)_{扩} = qS_p = -qD_p \frac{d\Delta p(x)}{dx} \tag{6-129}$$

推广到三维的情况，电子的扩散电流密度为

$$(J_n)_{扩} = qD_n \nabla(\Delta n) \tag{6-130}$$

空穴的扩散电流密度为

$$(J_p)_{扩} = -qD_p \nabla(\Delta p) \tag{6-131}$$

### 6.4.4　电流密度方程和爱因斯坦关系式

若半导体中非平衡载流子浓度不均匀，同时又处于电场的作用下，那么除了非平衡载流子的扩散运动外，载流子还要做漂移运动。这时半导体的总电流由扩散电流和漂移电流组成，如图 6-34 所示。

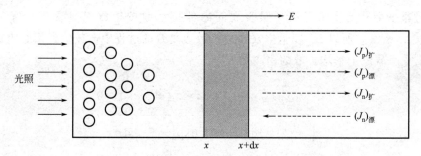

图 6-34　非平衡载流子的一维漂移和扩散

一维情况下电子引起的电流密度为

$$J_n = (J_n)_{漂} + (J_n)_{扩} = qn\mu_n E + qD_n \frac{d\Delta n}{dx} \tag{6-132}$$

空穴引起的电流密度为

$$J_p = (J_p)_{漂} + (J_p)_{扩} = qp\mu_p E - qD_p \frac{d\Delta p}{dx} \tag{6-133}$$

漂移运动和扩散运动同时发生时，迁移率反映的是载流子在电场作用下运动难易程度的物理量，而扩散系数反映的是存在浓度梯度时载流子运动难易程度的物理量。不过两个过程是相互关联的，迁移率和扩散系数并不是两个独立的物理量，爱因斯坦从理论上找到了迁移率和扩散系数之间的定量关系，即

$$\frac{D_n}{\mu_n} = \frac{k_0 T}{q}$$
$$\frac{D_p}{\mu_p} = \frac{k_0 T}{q} \tag{6-134}$$

它表明了非简并情况下载流子迁移率和扩散系数之间的关系。爱因斯坦关系式对平衡和非平衡载流子都同样适用。

由式(6-132) 和式(6-133)，再利用爱因斯坦关系式，可以得到半导体中总电流密度为

$$J = J_n + J_p = q\mu_n\left(nE + \frac{k_0 T}{q} \times \frac{\mathrm{d}\Delta n}{\mathrm{d}x}\right) + q\mu_p\left(pE - \frac{k_0 T}{q} \times \frac{\mathrm{d}\Delta p}{\mathrm{d}x}\right) \tag{6-135}$$

对于非均匀半导体，平衡载流子浓度也随 $x$ 而变化，这样扩散电流应由载流子的总浓度梯度来决定，于是有

$$J = q\mu_n\left(nE + \frac{k_0 T}{q} \times \frac{\mathrm{d}n}{\mathrm{d}x}\right) + q\mu_p\left(pE - \frac{k_0 T}{q} \times \frac{\mathrm{d}p}{\mathrm{d}x}\right) \tag{6-136}$$

这就是半导体中同时存在载流子的扩散运动和漂移运动时的电流密度方程式。

## 6.4.5 泊松方程

半导体中的电流密度可以来自于做漂移和扩散运动的荷电粒子——电子和空穴，还可以来自于已电离的施主和受主杂质。电子和电离受主各贡献一个负电荷，空穴和电离施主各贡献一个正电荷，因此，在饱和电离的情况下，半导体中的电荷密度为

$$\rho = q(p + N_D - n - N_A) \tag{6-137}$$

静电学中基本的泊松方程在一维情况下表示为

$$\frac{\mathrm{d}D(x)}{\mathrm{d}x} = \rho(x) \tag{6-138}$$

式中，$D$ 是电位移矢量，$D = \varepsilon E$；$\varepsilon$ 是介电常数；$E$ 是电场强度。

电场强度 $E$ 与电势 $V$ 的关系为

$$E = -\frac{\mathrm{d}V(x)}{\mathrm{d}x} \tag{6-139}$$

于是 $V$ 与 $\rho$ 之间的泊松方程可表示为

$$\frac{\mathrm{d}^2 V(x)}{\mathrm{d}x^2} = -\frac{\rho(x)}{\varepsilon} = -\frac{q}{\varepsilon}(p + N_D - n - N_A) \tag{6-140}$$

推广到三维情况为

$$\nabla^2(V) = -\frac{q}{\varepsilon}(p + N_D - n - N_A) \tag{6-141}$$

## 6.4.6 连续性方程

继续考虑一维情况下 N 型半导体中同时存在载流子的扩散运动和漂移运动。一般来说，载流子浓度不仅是位置 $x$ 的函数，还是时间 $t$ 的函数。载流子浓度的变化应该由扩散运动、漂移运动、产生和复合 4 个方面因素引起。由于扩散运动，单位时间、单位体积中积累的空穴数为

$$-\frac{1}{q} \times \frac{\partial(J_p)_{扩}}{\partial x} = D_p\frac{\partial^2 p}{\partial x^2} \tag{6-142}$$

由于漂移运动，单位时间、单位体积中积累的空穴数为

$$-\frac{1}{q} \times \frac{\partial(J_p)_{漂}}{\partial x} = -\mu_p E\frac{\partial p}{\partial x} - \mu_p p\frac{\partial E}{\partial x} \tag{6-143}$$

用 $U_p$ 表示单位时间单位体积中复合消失的空穴数，用 $G_p$ 表示单位时间单位体积中空穴的产生数，则单位体积内空穴随时间的变化率为

$$\frac{\partial p}{\partial t} = D_{\mathrm{p}} \frac{\partial^2 p}{\partial x^2} - \mu_{\mathrm{p}} E \frac{\partial p}{\partial x} - \mu_{\mathrm{p}} p \frac{\partial E}{\partial x} - U_{\mathrm{p}} + G_{\mathrm{p}} \qquad (6\text{-}144)$$

这就是在漂移运动和扩散运动同时存在时少数载流子空穴的连续性方程。载流子的漂移和扩散如图 6-35 所示。同理，可得 P 型半导体少数载流子电子的连续性方程为

$$\frac{\partial n}{\partial t} = D_{\mathrm{n}} \frac{\partial^2 n}{\partial x^2} + \mu_{\mathrm{n}} E \frac{\partial n}{\partial x} + \mu_{\mathrm{n}} n \frac{\partial E}{\partial x} - U_{\mathrm{n}} + G_{\mathrm{n}} \qquad (6\text{-}145)$$

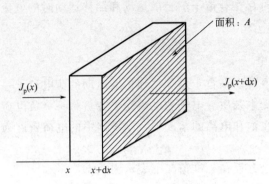

图 6-35　载流子的漂移和扩散

稳态情况下，$\partial n / \partial t = 0$，$\partial p / \partial t = 0$，此时的连续性方程称为稳态连续性方程。对电场极小 $E \approx 0$ 的情况，与扩散电流相比，漂移电流可忽略不计。如果再考虑小注入条件下 N 型半导体中 $U_{\mathrm{p}} = \Delta p / \tau_{\mathrm{p}}$，P 型半导体中 $U_{\mathrm{n}} = \Delta n / \tau_{\mathrm{n}}$，则稳态方程转化为少数载流子的扩散方程。对于 N 型半导体，空穴的扩散方程为

$$D_{\mathrm{p}} \frac{\mathrm{d}^2 \Delta p}{\mathrm{d} x^2} - \frac{\Delta p}{\tau_{\mathrm{p}}} + G_{\mathrm{p}} = 0 \qquad (6\text{-}146)$$

对于 P 型半导体，电子的扩散方程为

$$D_{\mathrm{n}} \frac{\mathrm{d}^2 \Delta n}{\mathrm{d} x^2} - \frac{\Delta n}{\tau_{\mathrm{n}}} + G_{\mathrm{n}} = 0 \qquad (6\text{-}147)$$

# 6.5　PN 结及其特性图

PN 结及其特性

PN 结的制作方法主要有合金法、扩散法、离子注入法和薄膜生长法，其中最常用的方法就是扩散法。通过杂质的扩散，在基质材料上形成一层与基质材料导电类型相反的材料层，就构成了一个 PN 结。图 6-36 所示的单晶硅 PN 结太阳电池基本结构示意图，就是在 P 型基质材料上通过 N 型杂质扩散而形成 PN 结。一般把受光面称为表面层，而把 PN 结下面的区域称为基区或基层。当然也可以在 N 型基质材料上通过 P 型杂质扩散而形成 PN 结。表面层的电极在考虑尽量减小接触电阻的同时，又要考虑尽量不要对光进行遮挡，通常把电极做成金属栅线。背面电极一般做成大面积的金属接触，可有效减少串联电阻。考虑到光从光疏介质到光密介质的全反射问题，将受光面做成绒面结构，或者涂覆一层增透膜或减反射膜，也有两种方式都采用的情形。

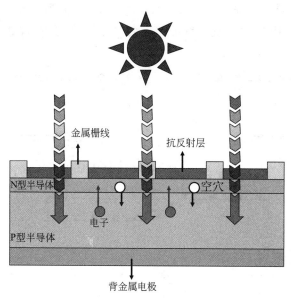

图 6-36　太阳电池结构示意图

## 6.5.1　空间电荷区与接触电势差

　　考虑均匀掺杂的 N 型和 P 型半导体结合成突变结的情况。单独存在的 N 型半导体和 P 型半导体是电中性的。起初两边载流子浓度是不同的，存在浓度梯度，N 区的多子电子向 P 区扩散，P 区的多子空穴向 N 区扩散，其结果是在 N 区留下了不可移动的带正电的电离施主，在 P 区留下了不可移动的带负电的电离受主，形成一个电荷存在的区域，称为空间电荷区。而这些电离施主和电离受主所带的电荷称为空间电荷。

　　空间电荷区中的空间电荷产生了从正电荷到负电荷，即从 N 区指向 P 区的电场，称为内建电场，如图 6-37 所示。

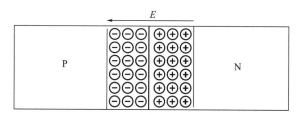

图 6-37　PN 结的空间电荷区

　　在内建电场的作用下，载流子做漂移运动。显然，载流子扩散的趋势和漂移的趋势是相反的。随着扩散的进行，空间电荷数量会增多，空间电荷区扩展，内建电场增大，载流子漂移趋势增强。若半导体没有受到外界作用，载流子扩散的趋势和漂移的趋势最终会相互抵消，空间电荷的数量一定，空间电荷区保持一定的宽度，其中存在一定的内建电场。一般称这种情况为热平衡状态下的 PN 结。正因为空间电荷区内不存在任何可以移动的电荷，所以该区又称为耗尽区。而空间电荷区两端由于不带电荷而称为中性区。

　　在 PN 结的空间电荷区中能带发生弯曲（PN 结形成前后的能带结构示意图如图 6-38 所示），这是空间电荷区中电势能变化的结果。因能带弯曲，电子从势能低的 N 区向势能高的

P 区运动时，必须克服这一势能 "高坡"，才能到达 P 区；同理，空穴也必须克服这一势能 "高坡"，才能从 P 区到达 N 区。这一势能 "高坡" 通常称为 PN 结的势垒，故空间电荷区也称势垒区。

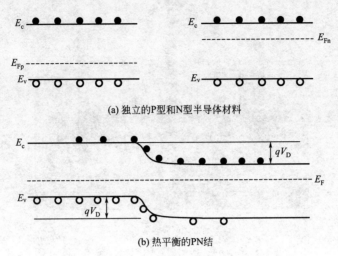

(a) 独立的P型和N型半导体材料

(b) 热平衡的PN结

图 6-38　PN 结形成前后的能带结构示意图

平衡 PN 结的空间电荷区两端的电势差 $V_D$，称为 PN 结的接触电势差或内建电势差。相应的电子电势能之差即能带的弯曲量 $qV_D$，称为 PN 结的势垒高度。

可以看出，势垒高度正好补偿了 N 区和 P 区费米能级之差，使平衡 PN 结的费米能级处处相等，因此

$$qV_D = E_{Fn} - E_{Fp} \tag{6-148}$$

对于非简并半导体，费米能级的位置为

$$E_{Fn} = E_c - k_0 T \ln\left(\frac{N_c}{N_D}\right), \ E_{Fp} = E_v + k_0 T \ln\left(\frac{N_v}{N_A}\right) \tag{6-149}$$

于是有

$$E_{Fn} - E_{Fp} = E_g + k_0 T \ln\left(\frac{N_D N_A}{N_c N_v}\right) \tag{6-150}$$

由质量作用定律 $n_i^2 = N_c N_v \exp\left(-\dfrac{E_g}{k_0 T}\right)$ 可得

$$V_D = \frac{1}{q}(E_{Fn} - E_{Fp}) = \frac{k_0 T}{q} \ln\left(\frac{N_D N_A}{n_i^2}\right) \tag{6-151}$$

上式表明，$V_D$ 与 PN 结两边的掺杂浓度、温度、材料的禁带宽度有关。

## 6.5.2　PN 结的电场强度

考虑如图 6-39 所示的均匀掺杂及突变结近似的情况。图中 $x_n$ 以及 $-x_p$ 分别为 N 区和 P 区空间电荷区边界。半导体内的电场由泊松方程确定：

$$\frac{d^2 V(x)}{dx^2} = -\frac{\rho(x)}{\varepsilon} = -\frac{dE(x)}{dx} \tag{6-152}$$

由图可知电荷密度 $\rho(x)$ 为

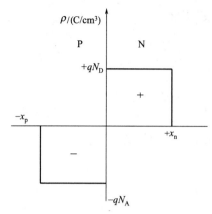

图 6-39　均匀掺杂及突变结近似 PN 结的空间电荷密度

$$\rho(x) = -qN_A \qquad (-x_p \leqslant x \leqslant 0)$$
$$\rho(x) = qN_D \qquad (0 \leqslant x \leqslant x_n) \tag{6-153}$$

对式（6-152）进行积分得电场的表达式为

$$E = \int \frac{\rho(x)}{\varepsilon} dx = -\int \frac{qN_A}{\varepsilon} dx = -\frac{qN_A}{\varepsilon} x + C_1 \tag{6-154}$$

其中，$C_1$ 为积分常数。由中性区及电场连续的假设，令 $x = -x_p$ 处 $E = 0$，可以得到积分常数 $C_1 = -x_p$。因此 P 区内电场表达式为

$$E = -\frac{qN_A}{\varepsilon}(x + x_p) \quad (-x_p \leqslant x \leqslant 0) \tag{6-155}$$

同理，可得 N 区内电场表达式为

$$E = -\frac{qN_D}{\varepsilon}(x_n - x) \qquad (0 \leqslant x \leqslant x_n) \tag{6-156}$$

电场随位置变化的曲线如图 6-40 所示。可见，PN 结区域电场是距离的线性函数，冶金结处的电场最大。

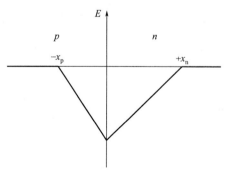

图 6-40　均匀掺杂 PN 结空间电荷区的电场

## 6.5.3　PN 结的电势分布

对式（6-155）进行积分，可得 P 区内电势的表达式为

$$V(x) = -\int E(x)dx = \int \frac{qN_A}{\varepsilon}(x + x_p)dx = \frac{qN_A}{\varepsilon}\left(\frac{x^2}{2} + xx_p\right) + C_2 \tag{6-157}$$

设 $x=-x_p$ 处 $V=0$，可得积分常数

$$C_2 = \frac{qN_A}{2\varepsilon}x_p^2$$

因此 P 区内电势的表达式可写为

$$V(x) = \frac{qN_A}{2\varepsilon}(x+x_p)^2 \quad (-x_p \leqslant x \leqslant 0) \qquad (6\text{-}158)$$

同理，可得 N 区内电势的表达式可写为

$$V(x) = \frac{qN_D}{\varepsilon}\left(xx_n - \frac{x^2}{2}\right) + \frac{qN_A}{2\varepsilon}x_p^2 \quad (0 \leqslant x \leqslant x_n) \qquad (6\text{-}159)$$

由此式可求出内建电势差为

$$V_D = |V(x=x_n)| = \frac{q}{2\varepsilon}(N_D x_n^2 + N_A x_p^2) \qquad (6\text{-}160)$$

由上面计算可得，均匀掺杂 PN 结空间电荷区的电势如图 6-41 所示。

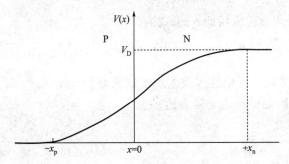

图 6-41　均匀掺杂 PN 结空间电荷区的电势

## 6.5.4　空间电荷区宽度

在 $x=0$ 处电场函数是连续的，将 $x=0$ 代入式(6-155) 和式(6-156) 并令它们相等，可得 $N_A x_p = N_D x_n$。然后联合式(6-160)，可求得 N 型和 P 型区内空间电荷区的宽度分别为

$$x_n = \left[\frac{2\varepsilon V_D}{q} \times \frac{N_A}{N_D(N_D+N_A)}\right]^{1/2}, \quad x_p = \left[\frac{2\varepsilon V_D}{q} \times \frac{N_D}{N_A(N_D+N_A)}\right]^{1/2} \qquad (6\text{-}161)$$

总空间电荷区宽度为

$$W = x_n + x_p = \left[\frac{2\varepsilon V_D}{q}\left(\frac{1}{N_D} + \frac{1}{N_A}\right)\right]^{1/2} \qquad (6\text{-}162)$$

可见，掺杂浓度降低时耗尽区宽度增加，这意味着具有宽的耗尽区，从而有利于载流子的收集，又有高掺杂水平，从而有利于电池电压的提高，这样的 PN 结是不可能的。设计时需要在各种影响因素之间相互妥协。

## 6.5.5　PN 结内电荷流动的定性描述

通过 PN 结的能带图，可以定性地了解 PN 结电流的形成机制。图 6-42(a) 是平衡状态下 PN 结的能带图。前面已经提到，电子在由 N 区向 P 区扩散的过程中"遇到"势垒的阻挡而滞留了 N 区，同样空穴在由 P 区向 N 区扩散的过程中"遇到"势垒的阻挡而滞留在

了 P 区。也就是说，势垒维持了热平衡。

图 6-42(b) 是 PN 结加正向偏压的情况。正向偏压在势垒区中产生的电场与内建电场方向相反，因而减弱了势垒区中的电场强度，势垒区的宽度减小，势垒高度由 $qV_D$ 降低到 $q(V_D - V)$。降低了的势垒高度意味着对电子和空穴的阻挡作用减弱了，引起电子经空间电荷区继续向 P 区扩散，同样空穴经空间电荷区继续向 N 区扩散。电荷的流动在 PN 结内形成了电流。

图 6-42(c) 是 PN 结加反向偏压的情况。反向偏压在势垒区中产生的电场与内建电场方向一致，势垒区中的电场增强，势垒区变宽，势垒高度增加到 $q(V_D + V)$。增加了的势垒高度意味着对电子和空穴的阻挡作用增强了，阻止电子与空穴的运动，因此，PN 结内基本上没有电荷的流动，也就是基本上没有电流。

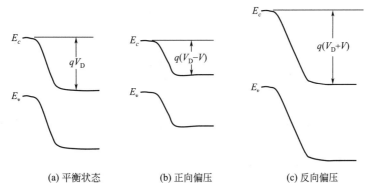

(a) 平衡状态　　　　　(b) 正向偏压　　　　　(c) 反向偏压

图 6-42　PN 结在外加电场下能带的变化情况

## 6.5.6　理想的电流-电压关系

理想 PN 结的电流-电压关系的推导，是基于以下 4 个假设来展开的。

① 突变耗尽层近似：空间电荷区的边界存在突变，且假设耗尽区之外的半导体区域是电中性的。

② 载流子的统计分布采用麦克斯韦-波耳兹曼分布近似。

③ 小注入条件：注入的载流子浓度远小于多数载流子浓度。

④ 耗尽区内没有产生和复合电流，不考虑耗尽区内载流子的产生和复合作用。

平衡 PN 结的接触电势差 $V_D$ 前面已经推导，利用 $n_{n0} \approx N_D$，$n_{p0} \approx n_i^2/N_A$ 可得

$$V_D = \frac{k_0 T}{q} \ln\left(\frac{N_D N_A}{n_i^2}\right) = \frac{k_0 T}{q} \ln\left(\frac{n_{n0}}{n_{p0}}\right) \tag{6-163}$$

重新整理得

$$n_{p0} = n_{n0} \exp\left(-\frac{qU_D}{k_0 T}\right) \tag{6-164}$$

此式将热平衡下 P 区内少子电子与 N 区内多子电子的浓度联系了起来，并且说明，在耗尽区边界上，电子和空穴的浓度与热平衡时的接触电势差有关。外加偏压改变电势差时，上面的关系式仍然保持。加正向偏压时，电势差为 $V_D - V$，而加反向偏压时，电势差为 $V_D + V$，因此正偏时关系式可修正为

$$n_p = n_{n0} \exp\left[-\frac{q(V_D - V)}{k_0 T}\right] = n_{n0} \exp\left(-\frac{qV_D}{k_0 T}\right) \exp\left(\frac{qV}{k_0 T}\right) \tag{6-165}$$

由于采用了小注入条件，多子浓度 $n_{n0}$ 基本不变，但少子浓度 $n_p$ 会偏离其热平衡值 $n_{p0}$ 好几个数量级。由式(6-164) 和式(6-165) 可得

$$n_p = n_{p0} \exp\left(\frac{qV}{k_0 T}\right) \tag{6-166}$$

可见，当 PN 结正偏时，P 区内少子电子浓度 $n_p$ 就不再处于热平衡状态，而是比平衡时的值大很多。正偏降低了势垒，使得 N 区内多子电子可以穿过势垒区而注入到 P 区内，增加了 P 区少子电子的浓度，也就是说，P 区内形成了非平衡少子电子。这种现象称为少数载流子注入。

同理，正向偏压下 P 区内的多子空穴也会注入到 N 区，增加 N 区内少子空穴的浓度，即

$$p_n = p_{n0} \exp\left(\frac{qV}{k_0 T}\right) \tag{6-167}$$

在稳态时，N 区内非平衡少子空穴的一维连续性方程为

$$D_p \frac{d^2 \Delta p_n}{dx^2} - \frac{\Delta p_n}{\tau_p} = 0 \tag{6-168}$$

这个方程的通解是

$$\Delta p_n(x) = p_n(x) - p_{n0} = A \exp\left(-\frac{x}{L_p}\right) + B \exp\left(\frac{x}{L_p}\right) \tag{6-169}$$

式中 $L_p = \sqrt{D_p \tau_p}$ 是空穴扩散长度。边界条件是

$$p_n(x \to \infty) = p_{n0}, \quad p_n(x_n) = p_{n0} \exp\left(\frac{qV}{k_0 T}\right) \tag{6-170}$$

代入式(6-169)，确定常数 $A$ 与 $B$，可得 $x \geqslant x_n$ 区域的非平衡少子空穴浓度为

$$\Delta p_n(x) = p_n(x) - p_{n0} = p_{n0}\left[\exp\left(\frac{qV}{k_0 T}\right) - 1\right] \exp\left(\frac{x_n - x}{L_p}\right) \tag{6-171}$$

同理，可求得注入到 $x \leqslant -x_p$ 区域的平衡少子电子浓度为

$$\Delta n_p(x) = n_p(x) - n_{p0} = n_{p0}\left[\exp\left(\frac{qV}{k_0 T}\right) - 1\right] \exp\left(\frac{x_p + x}{L_n}\right) \tag{6-172}$$

式中，$L_n$ 为电子扩散长度。

曲线由图 6-43 显示，可见少子浓度随着从空间电荷区边界向中性区延伸的距离增大而指数衰减，这是非平衡少子注入后与多子复合的结果。

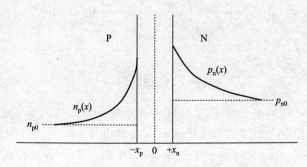

图 6-43　正偏条件下 PN 结内部的稳态少子浓度

空间电荷区边界 $x_n$ 处的少子空穴扩散电流密度为

$$J_p(x_n) = -qD_p \left. \frac{\mathrm{d}p_n(x)}{\mathrm{d}x} \right|_{x=x_n} = \frac{qD_p p_{n0}}{L_p} \left[ \exp\left(\frac{qV}{k_0 T}\right) - 1 \right] \tag{6-173}$$

空间电荷区边界 $-x_p$ 处的少子电子扩散电流密度为

$$J_n(-x_p) = qD_n \left. \frac{\mathrm{d}n_p(x)}{\mathrm{d}x} \right|_{x=-x_p} = \frac{qD_n n_{p0}}{L_n} \left[ \exp\left(\frac{qV}{k_0 T}\right) - 1 \right] \tag{6-174}$$

由前面的假设条件可知，空间电荷区内只有扩散电流且电子电流和空穴电流分别为连续函数，则 PN 结的总电流密度为 $x_n$ 处的少子空穴扩散电流密度与 $-x_p$ 处的少子电子扩散电流密度之和，即

$$J = J_p(x_n) + J_n(-x_p) = \left( \frac{qD_n n_{p0}}{L_n} + \frac{qD_p p_{n0}}{L_p} \right) \left[ \exp\left(\frac{qV}{k_0 T}\right) - 1 \right] \tag{6-175}$$

令

$$J_s = \left( \frac{qD_n n_{p0}}{L_n} + \frac{qD_p p_{n0}}{L_p} \right) \tag{6-176}$$

则有

$$J = J_s \left[ \exp\left(\frac{qV}{k_0 T}\right) - 1 \right] \tag{6-177}$$

上式就是理想 PN 结二极管电流电压方程式，又称为肖克莱方程式。

图 6-44 显示的就是电流电压关系曲线，PN 结表现出单向导电性或称为整流特性。正向偏压下，正向电流密度随正向偏压呈指数关系增大。反向偏压下，$V < 0$，当 $q|V| \gg k_0 T$，$\exp\left(\frac{qV}{k_0 T}\right) \rightarrow 0$，可得理想反向电流

$$J = -J_s = -\left( \frac{qD_n n_{p0}}{L_n} + \frac{qD_p p_{n0}}{L_p} \right) \tag{6-178}$$

可见，理想反向电流为常量，与外加电压无关，故称 $-J_s$ 为反向饱和电流密度。

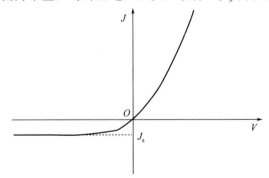

图 6-44　PN 结二极管的理想 $J$-$V$ 特性

## 6.5.7　电流电压关系的非理想因素

在推导理想二极管电流电压关系式时，忽略了耗尽区内的一切效应，所以没有完全反映 PN 结的电流电压情况。耗尽区中还有由复合过程所引起的电流成分，由 SRH 复合理论可知非平衡电子和空穴的净复合率为

$$U_{SRH} = \frac{np - n_i^2}{\tau_p(n + n_t) + \tau_n(p + p_t)} \tag{6-179}$$

**(1) 反偏产生电流**

PN 结反偏时，耗尽区内没有可移动的电子和空穴，即耗尽区内 $n \approx p \approx 0$，式(6-179) 的净复合率修改为

$$U_{SRH} = \frac{-n_i^2}{\tau_p n_t + \tau_n p_t} \qquad (6\text{-}180)$$

实际上负的净复合率就是净产生率 $G$，在反偏电压下，耗尽区内复合中心能级产生了电子-空穴对。产生的电子和空穴在反偏电压作用下流动，形成反偏，产生电流，继而叠加在理想反偏饱和电流之上。

假设 $E_t$ 与 $E_i$ 重合，$\tau_n = \tau_p = \tau$，转化为

$$G = -U_{SRH} = \frac{n_i}{2\tau} \qquad (6\text{-}181)$$

对整个耗尽区积分，可得产生电流密度为

$$J_G = \int_0^W qG \, \mathrm{d}x = \int_0^W q \frac{n_i}{2\tau} \mathrm{d}x = \frac{qn_i W}{2\tau} \qquad (6\text{-}182)$$

总反偏电流密度为理想反向饱和电流密度与反向产生电流密度之和，即

$$J_{RD} = J_S + J_G \qquad (6\text{-}183)$$

理想反向饱和电流密度与反向偏压无关，但是产生电流却是耗尽区宽度的函数，又是反偏电压的函数，因此，实际的反偏电流密度与反偏电压有关。

**(2) 正偏复合电流**

PN 结在正向偏压下，电子从 N 区注入到 P 区，空穴从 P 区注入到 N 区，在耗尽区内电子和空穴会复合掉一部分，形成另一股正向电流，称为正偏复合电流。同样假设 $E_t$ 与 $E_i$ 重合，$\tau_n = \tau_p = \tau$，转化为

$$U_{SRH} = \frac{np - n_i^2}{\tau(n + p + 2n_i)} \qquad (6\text{-}184)$$

经分析，在势垒区中电子浓度和空穴浓度的乘积满足：

$$np = n_i^2 \exp\left(\frac{qV}{k_0 T}\right) \qquad (6\text{-}185)$$

若 $n = p$，电子和空穴相遇的概率最大，也就是有最大的复合率：

$$U_{SRH,max} = \frac{n_i \left[\exp\left(\frac{qV}{k_0 T}\right) - 1\right]}{2\tau \left[\exp\left(\frac{qV}{2k_0 T}\right) + 1\right]} \qquad (6\text{-}186)$$

当 $qV \geqslant k_0 T$ 时，可忽略分子中的 （−1） 项以及分母中的 （+1） 项，可得

$$U_{SRH,max} = \frac{n_i}{2\tau} \exp\left(\frac{qV}{2k_0 T}\right) \qquad (6\text{-}187)$$

复合电流密度为

$$J_{rec} = \int_0^W qU_{SRH,max} \, \mathrm{d}x \approx \frac{qn_i W}{2\tau} \exp\left(\frac{qV}{2k_0 T}\right) \qquad (6\text{-}188)$$

总正偏电流密度为复合电流密度与理想扩散电流密度之和，即

$$J = J_{rec} + J_D \qquad (6\text{-}189)$$

其中两个电流密度可取

$$J_{rec}=\frac{qn_iW}{2\tau}\exp\left(\frac{qV}{2k_0T}\right),\ J_D=J_s\exp\left(\frac{qV}{k_0T}\right)$$    (6-190)

一般来说，二极管的电流-电压关系为

$$I=I_s\left[\exp\left(\frac{qV}{nk_0T}\right)-1\right]$$    (6-191)

其中参数 $n$ 称为理想因子。$n$ 可以由下式推导出来

$$\frac{1}{n}=\frac{kT}{q}\times\frac{dI}{dV}$$    (6-192)

# 6.6  PIN 结

　　光生载流子的收集主要靠扩散运动，不过一些材料如非晶硅及其合金的少子扩散长度太短，寿命太短，需要依靠电场来促进光生载流子的输运和收集。在 P 型和 N 型半导体之间插入一层未掺杂层或本征层（I），形成 PIN 结构，P 型和 N 型掺杂半导体决定的内建电场也会扩展到 I 层。光生电流基本上不依赖于顶层和基区中的光生载流子，这两层可以做得很薄。光照下，光子被足够厚的 I 层吸收，I 区的光生载流子被内建电场分离并驱向边界。光生载流子的输运主要是电场下的漂移而不是扩散，载流子的收集将用漂移长度而不是扩散长度来描述。PIN 结能带示意图如图 6-45 所示。

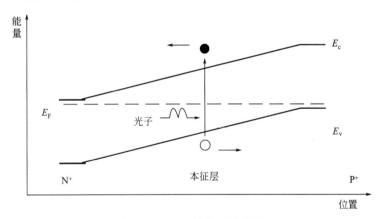

图 6-45　PIN 结能带示意图

　　这种设计的缺点是：I 区的电导率比掺杂层低，可能引入串联电阻；I 层中有数量相近的电子和空穴，在正向电压条件下有复合的可能性；带电杂质可以导致本征区的电场下降。

# 6.7  金属-半导体接触

　　金属中的电子也服从费米分布，与半导体材料一样，在绝对零度时，电子填满费米能级 $E_F$ 以下的能级，在费米能级 $E_F$ 以上的能级是全空的。在一定温度下，只有 $E_F$ 附近的少

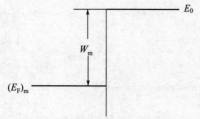

图 6-46　金属中的电子势阱

数电子受到热激发，由低于 $E_F$ 的能级跃迁到高于 $E_F$ 的能级上去，但是绝大部分电子仍不能脱离金属而逸出体外。要使电子从金属中逸出，必须由外界给它提供足够的能量。用 $E_0$ 表示真空中静止电子的能量，金属功函数的定义是 $E_0$ 与 $E_F$ 能量之差，用 $W_m$ 表示，示意图如图 6-46 所示，即

$$W_m = E_0 - (E_F)_m \tag{6-193}$$

它表示一个起始能量等于费米能级的电子由金属内部逸出到真空中所需要的最小能量。功函数的大小标志着电子在金属中束缚的强弱，$W_m$ 越大，电子越不容易离开金属。

在半导体中，导带底 $E_c$ 和价带顶 $E_v$ 一般都比 $E_0$ 低几个电子伏特。要使电子从半导体逸出，也必须给它以相应的能量。和金属类似，也把 $E_0$ 与费米能级之差称为半导体的功函数，用 $W_s$ 表示，即

$$W_s = E_0 - (E_F)_s \tag{6-194}$$

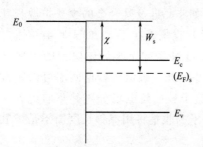

图 6-47　N 型半导体的功函数和电子亲和能

半导体的费米能级随杂质浓度变化，因而 $W_s$ 也与杂质浓度有关。N 型半导体的功函数如图 6-47 所示。图中还画出了从 $E_c$ 到 $E_0$ 的能量间隔 $\chi$，即

$$\chi = E_0 - E_c \tag{6-195}$$

$\chi$ 称为电子亲和能，它表示要使半导体导带底的电子逸出体外所需要的最小能量。

## 6.7.1　金属-半导体接触

当金属与半导体接触时，它们有相同的真空电子能级，但各自的费米能级不同，使得电子在金属与半导体之间流动，直到金属和半导体的费米能级在同一水平才会停止。

当金属与 N 型半导体接触时（图 6-48），若 $W_m > W_s$，则在半导体表面形成一个正的空间电荷，其中电场方向由体内指向表面，使半导体表面电子的能量高于体内，能带向上弯曲，即形成表面势垒。在势垒区中，空间电荷主要由电离施主形成，电子浓度要比体内小得多，因此它是一个高阻的区域，称为阻挡层。

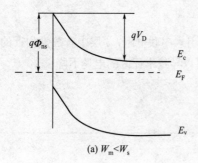

(a) $W_m < W_s$

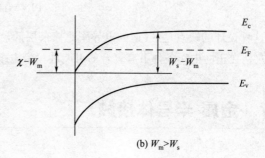

(b) $W_m > W_s$

图 6-48　金属与 N 型半导体接触

若 $W_m < W_s$，则金属与 N 型半导体接触时，电子将从金属流向半导体，在半导体表面形成负的空间电荷区。其中电场方向由表面指向体内，能带向下弯曲。这里电子浓度比体内大得多，因而是一个高电导区域，称为反阻挡层。

金属与 P 型半导体接触时，形成阻挡层的条件正好与 N 型的相反。当 $W_m > W_s$ 时，能带向上弯曲，形成 P 型反阻挡层；当 $W_m < W_s$ 时，能带向下弯曲，造成空穴的势垒，形成 P 型阻挡层。其能带图如图 6-49 所示。

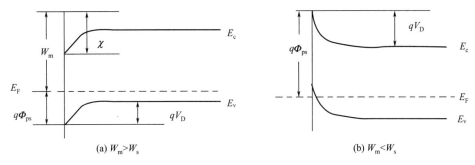

(a) $W_m > W_s$          (b) $W_m < W_s$

图 6-49    金属与 P 型半导体接触

当金属与 N 型半导体之间加上外加电压，将会影响内建电场和表面势垒的作用，从而表现出金属和半导体接触的整流效应。这里所讨论的整流效应是指阻挡层的整流效应。当金属接正极而半导体接负极时，即外加电场从金属指向半导体，与内建电场相反。显然，外加电场将抵消一部分内建电场，导致电子势垒降低，电子阻挡层减薄，使得从 N 型半导体流向金属的电子流量增大，电流增大。相反地，当金属接负极，半导体接正极时，外加电场从半导体指向金属，与内建电场一致，增加了电子势垒，电子阻挡层增厚，使得从 N 型半导体流向金属的电子减少，电流几乎为零。外加电压对 N 型阻挡层的影响如图 6-50 所示。

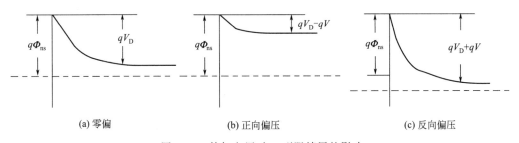

(a) 零偏          (b) 正向偏压          (c) 反向偏压

图 6-50    外加电压对 N 型阻挡层的影响

对于 P 型阻挡层，分析是类似的。区别在于：当金属接负极而半导体接正极时，形成从半导体流向金属的正向电流；当金属接正极而半导体接负极时，形成从金属流向半导体的反向电流。

## 6.7.2  欧姆接触

半导体器件都要通过金属电极与外界接触，这种接触就是欧姆接触。金属与半导体形成欧姆接触时，不能产生明显的附加阻抗，不能影响器件的电流-电压特性。

有两种制作欧姆接触的方法。一种是非整流接触。前面提到，当 $W_m < W_s$ 时，金属和 N 型半导体接触可形成反阻挡层；当 $W_m > W_s$ 时，金属和 P 型半导体可形成反阻挡层。选用合适功函数的金属，就能形成欧姆接触。实际上，这是理想情况，忽略了半导体的表面态。表面态会改变能带结构，形成势垒，使得我们不能通过选择金属材料的方法来获得欧姆接触。另一种是利用隧道效应的原理在半导体上制造欧姆接触。

制作欧姆接触最常用的方法是用重掺杂的半导体与金属接触，常常是在 N 型或 P 型半导体上制作一层重掺杂的半导体与金属接触。金属与重掺杂半导体接触的能带如图 6-51 所示。掺杂浓度高时，势垒区宽度变得很窄，电子通过隧道效应贯穿势垒，产生相当大的隧道电流。

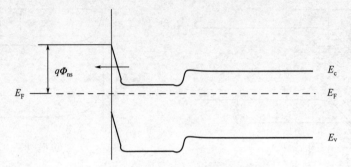

图 6-51　金属与重掺杂半导体接触的能带图

对于均匀掺杂的半导体，可以计算出空间电荷区宽度 $W$，即

$$W = \left[ \frac{2\varepsilon(V_D + V)}{qN_D} \right]^{1/2} \tag{6-196}$$

其中，$V$ 表示反偏电压。可见，金属和半导体接触的空间电荷区宽度 $W$ 与半导体掺杂浓度的平方根成反比，耗尽层宽度随着半导体掺杂浓度的增加而减小，因此，随着掺杂浓度的增加，隧道效应会增强。

欧姆接触的特性用接触电阻 $R_c$ 来表征，其定义为零偏电压下的微分电阻，即

$$R_c = \left( \frac{\partial J}{\partial V} \right)^{-1} \Bigg|_{U=0} \tag{6-197}$$

$R_c$ 值越小，欧姆接触越优。对于具有重掺杂的半导体与金属接触，隧道效应起主要作用。以金属与 N 型半导体为例：

$$R_c \propto \exp\left( \frac{2\sqrt{\varepsilon m_n^*}}{\hbar} \times \frac{V_D}{\sqrt{N_D}} \right) \tag{6-198}$$

可以看到，接触电阻强烈依赖于半导体的掺杂浓度。掺杂浓度越高，接触电阻 $R_c$ 越小。因而，半导体重掺杂时，可以得到欧姆接触。此时电流以隧道电流 $J_t$ 为主，即

$$J_t \propto \exp\left( -\frac{2\sqrt{\varepsilon m_n^*}}{q\hbar} \times \frac{q(V_D - V)}{\sqrt{N_D}} \right) \tag{6-199}$$

用表面重掺杂的半导体制作欧姆接触时，掺杂浓度越高，隧道电流越明显。

对太阳电池中的欧姆接触来说，有一个问题需要注意：要使太阳电池有较高的光电转换效率，就必须尽量减小光生载流子的损耗，因此，这种欧姆接触希望多数载流子能很容易地漂流过去，对电流有贡献，而又不能使少数载流子遭到损耗。但是，常用的多数载流子隧道贯穿势垒构成的欧姆接触，势垒区内建电场的方向是不利于光生少数载流子的，它是使少数载流子流向欧姆接触处的界面。重掺杂半导体与金属构成的界面处，一般会存在较高的复合中心能级，少数载流子流向欧姆接触后将和多数载流子复合，形成复合电流，造成光生载流

子的复合损耗，对太阳电池来说是不利的。常称这种欧姆接触起了少子陷坑的作用。

假定空穴为少数载流子，欧姆接触处少数载流子的复合电流可表示为

$$J = qS\Delta p \tag{6-200}$$

式中，$S$ 为表面复合速率。太阳电池中使用欧姆接触时，当然希望既可以使多数载流子能顺利通过，又可以对少数载流子起阻挡作用，也就是少数载流子的 $S \to 0$。具有这种性质的接触称为选择性欧姆接触。理想情况下，如果电子可以顺利通过，空穴被阻挡，称之为电子输运-空穴阻挡层，反之则为空穴输运-电子阻挡层。

# 6.8 半导体-半导体异质结

异质结是由两种不同的半导体材料形成的，因此在结表面的能带是不连续的。异质结可分为突变异质结和缓变异质结。如果从一种半导体材料向另一种半导体材料的过渡只发生于几个原子距离范围内，则为突变结；而如果材料的过渡发生于几个扩散长度范围内，则为缓变结。掺杂类型相同的异质结为同型异质结，掺杂类型不同的异质结为反型异质结。用大写字母表示较宽带隙的材料。

由窄禁带材料和宽禁带材料构成的异质结中，禁带能量的一致性在决定结的特性中起重要作用。图 6-52 显示了三种可能的情况。根据交叠情况的不同，可分为跨骑型、交错型和错层型。

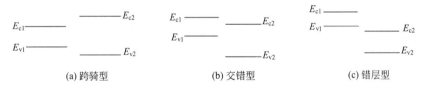

图 6-52　窄禁带和宽禁带能量的关系

这里只以跨骑型结构来分析。以理想突变反型异质结为例，如图 6-53 所示。

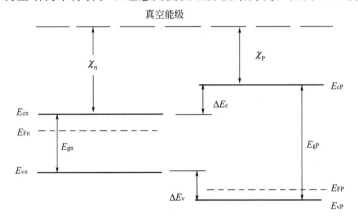

图 6-53　窄禁带材料和宽禁带材料在接触前的能带图

异质结中的空间电荷产生的电场，也称为内建电场，内建电场使得空间电荷区中的能带发生弯曲。能带在交界面处有一个突变，如图 6-54 所示。导带底在交界面处的突变为

$$\Delta E_c = \chi_n - \chi_P \tag{6-201}$$

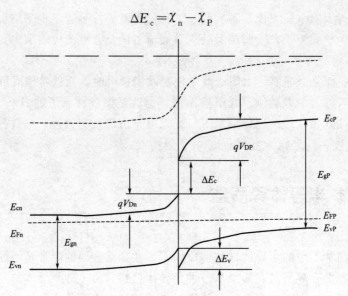

图 6-54 热平衡状态下的一个典型理想 NP 异质结

价带顶在交界面处的突变为

$$\Delta E_v = (E_{gP} - E_{gn}) - (\chi_n - \chi_P) \tag{6-202}$$

显然

$$\Delta E_c + \Delta E_v = (E_{gP} - E_{gn}) = \Delta E_g \tag{6-203}$$

分别称为导带带阶（offset）和价带带阶，是由材料本身的性质决定的。

注入比是指 PN 结加正向偏压时，N 区向 P 区注入的电子流与 P 区向 N 区注入的空穴流之比。用热电子发射模型分析发现，理想突变 PN 异质结的注入比为

$$\frac{J_n}{J_p} \propto \exp(\Delta E_v) \tag{6-204}$$

因此，只有价带带阶大的异质结才能产生较大的注入比，而导带带阶 $\Delta E_c$ 大的异质结适合于做成 PN 异质结。如果异质结是渐变的，注入比

$$\frac{J_n}{J_p} \propto \exp(\Delta E_g) \tag{6-205}$$

因此，为了得到有利的注入比，最好将异质结做成渐变的。

同质结与异质结一个明显的差别就是前者电子和空穴的内建电势差是相同的，因而各自面对的势垒相同；后者电子和空穴的内建电势差不同，势垒也不相同。如果电子的势垒高于空穴的势垒，电子形成的电流就要小于空穴形成的电流。以热电子发射为模型，得出异质结的 $I\text{-}U$ 特性，即

$$J = A^* T^2 \left( -\frac{\Phi_{eff}}{k_0 T} \right) \tag{6-206}$$

其中，$\Phi_{eff}$ 为有效势垒高度。考虑到掺杂效应和隧道效应后，异质结的 $I\text{-}U$ 特性应予以修正。

## 本章小结

　　光伏发电的基础材料为半导体材料。半导体材料具有很多方面的特性，本章对半导体各方面的特性一一做了描述，并就半导体如何形成 PN 结、能带图、载流子的产生、运输、统计分布、少子寿命、载流子的复合及 PN 结的特性做了重点的介绍。通过对本章知识的学习，读者应该系统地掌握半导体的基本知识，尤其是掌握在光伏发电的过程中造成电池效率下降的因素。

## 知识拓展

中国半导体发展简介

📝 学习笔记

## 思考题

1. 在半导体的能带结构中有哪些能带？

2. 如何描述粒子在有效能态中的分布规律？

3. 什么是简并半导体和非简并半导体？

4. 非平衡载流子产生的方法有哪些？

5. 半导体的光吸收有几种？它们发生的条件是什么？

6. 非平衡载流子的复合类型有哪些？

7. 半导体载流子的输运过程有几种方式？

8. 半导体 PN 结中的空间电荷区是如何形成的？

9. 试分析 PN 结在外电场作用下能带的变化情况。

10. 试比较理想 PN 结和实际 PN 结的电流-电压关系的特点。

11. 对于不同的半导体接触，如 PIN、金属半导体及异质结，谈谈各自形成的原理，并结合图形谈谈发电的原理。

# 第7章

# 光伏电池性能

 **知识目标**

① 掌握光伏发电的原理。
② 熟悉光伏电池性能表征参数。
③ 掌握光伏电池 I-V 特性。
④ 掌握影响光伏电池效率的主要因素。
⑤ 熟悉晶硅光伏产业链。

 **思政与职业素养目标**

① 培养学生的民族自豪感。
② 培育学生的求真务实的科学精神。
③ 培养学生的绿色发展理念。

## 7.1 光伏发电原理

光伏电池原理

光伏电池工作时必须具备下述条件：第一，必须有光的照射，可以是单色光、太阳光或模拟太阳光等。第二，光子注入到半导体内后，激发电子-空穴对，这些电子和空穴应该有足够长的寿命，在分离之前不会复合消失。第三，必须有一个静电场，电子-空穴对在静电场的作用下分离，电子集中在一边，空穴集中在另一边。第四，被分离的电子和空穴由电极收集，输出到光伏电池外，形成电流。

制作硅基光伏电池的硅片电阻率、厚度及 PN 结的掺杂浓度、温度和时间等均对光谱响应有很大影响，对光伏电池的转换效率影响也较大。约入射光能量的 40％能有效地激发自由电子和空穴。图 7-1 描绘了光伏电池的物理结构以及载流子传输过程。电池主体由一层厚的 P 型基区构成，这里吸收了绝大部分的入射光并产生绝大部分的功率。吸收光后，产生的载流子则由电池正反面的金属电极收集，当外电路形成回路时，光生电子朝光伏电池正面栅线运动，空穴朝背电极运动。如果电子在运动到栅线之前没有被缺陷或杂质复合，就被栅线收集并形成电流流到外电路，驱动电器。之后，电子从光伏电池的背面进入和空穴复合，在光照射的情形下，此过程在光伏电池中不断重复。

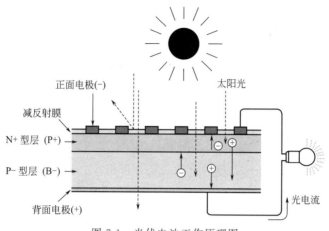

图 7-1　光伏电池工作原理图

## 7.1.1　光伏行为来源

　　光伏电池是一个光伏能量转换器件，光伏能量转换包括电荷产生、电荷分离和电荷输运 3 个过程。电荷分离或光伏行为的标准就是在光照下存在光生电流或光生电动势。电荷分离需要一些驱动力，这些驱动力是光伏能量转换的关键所在，必须由光伏器件自己建立。显然，这些驱动力等于光致电子和空穴的准费米能级梯度。一维情况下，对于非简并半导体：

$$J = J_n(x) + J_p(x) = \mu_n n \frac{dE_{Fn}}{dx} + \mu_p p \frac{dE_{Fp}}{dx} \tag{7-1}$$

　　平衡状态下，半导体有统一的费米能级，半导体各处 $J=0$。所以为实现光伏行为，就至少要形成一个费米能级梯度。N 型半导体能带图见图 7-2。

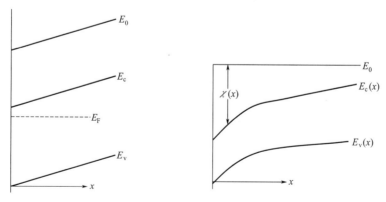

(a) 热平衡时非均匀掺杂的N型半导体的能带图　　　　(b) $\chi$随$x$变化的能带示意图

图 7-2　N 型半导体能带图

　　构成 P-N 同质结的两种导电类型相反的半导体材料，$\chi$ 和 $E_g$ 是相同的，但是，对构成异质结的两种不同质材料，$\chi$ 和 $E_g$ 不一定相同，如图 7-2（b）所示。对于一块组分不同的化合物半导体材料，例如三元化合物 $Al_y Ga_{1-y} As$，如果 Al 的含量 $y$ 是变化的，考虑一维情况，设 Al 的含量沿 $x$ 方向变化，则 $\chi$ 和 $E_g$ 均是 $x$ 的函数。而且随着组分不同，电子和空穴的有效状态密度 $N_c$ 和 $N_v$ 也是 $x$ 的函数。假设半导体中温度相同，对 $x$ 求导得

$$E_{Fn} = E_c + k_0 T \ln \frac{n}{N_c} \tag{7-2}$$

$$\frac{dE_{Fn}}{dx} = \frac{dE_c}{dx} - k_0 T \frac{d(\ln N_c)}{dx} + \frac{k_0 T}{n} \frac{dn}{dx} \tag{7-3}$$

又 $\dfrac{dE_c}{dx} = \dfrac{dE_0}{dx} - \dfrac{d\chi}{dx} = qF - \dfrac{d\chi}{dx}$，$F = \dfrac{1}{q} \dfrac{dE_0}{dx}$ 为电子的静电场，代入得

$$J_n(x) = \mu_n n \left( qF - \frac{d\chi}{dx} - k_0 T \frac{d(\ln N_c)}{dx} \right) + qD_n \frac{dn}{dx} \tag{7-4}$$

式中应用了爱因斯坦关系式。

令 $F'_n = -\dfrac{d\chi}{dx} - k_0 T \dfrac{d(\ln N_c)}{dx}$，称为有效力场，可得

$$J_n(x) = \mu_n n q (F + F'_n) + qD_n \frac{dn}{dx} \tag{7-5}$$

同理可得

$$J_p(x) = \mu_n n q (F + F'_p) - qD_p \frac{dp}{dx} \tag{7-6}$$

式中有效力场 $F'_p$ 为

$$F'_p = -\frac{d\chi}{dx} - \frac{dE_g}{dx} + k_0 T \frac{d(\ln N_v)}{dx} \tag{7-7}$$

所以，在半导体中电荷分离即光伏行为的来源为：

① 真空能级或功函数梯度→静电场；

② 电子亲和能梯度→有效力场；

③ 禁带宽度梯度→有效力场；

④ 能带态密度梯度→有效力场。

当然，电子和空穴扩散系数不同时，就可以形成电子-空穴对的产生率梯度，进而形成浓度梯度，就能引起净电流。如果扩散系数相同，显然电子和空穴扩散电流完全消除。不过，扩散系数的不同产生的光生电动势——丹倍电势，在晶体材料中不足以引起有效的光伏行为，而在非晶半导体和分子材料中会变得比较重要。

因此，半导体材料系统中存在内建静电场或内建有效力场时，就会产生较强的光伏行为。一般来说，要在半导体材料系统中形成内建静电场，可以通过在两种不同材料间构成界面。在界面及其附近将会形成一定的内建静电场。要形成一个有效力场，则需要存在一个区域，在该区域中由于掺杂不同而使半导体材料的组分等不断发生变化，以致在这个区域内将由于材料性质的变化而产生一定的有效力场，这种材料性质不断变化的区域可以看作是一连串的界面。这种界面可以是在同质半导体或异质半导体材料之间形成，也可以是在金属或绝缘体与半导体之间形成，这些有内建场存在的区域能够使光生载流子向相反的方向分离，构成光生电流，这是光伏电池的最基本要求，也是光伏行为的主要来源。丹倍效应的贡献一般来说是次要的。

## 7.1.2　光生伏特效应

P 型半导体和 N 型半导体结合形成 PN 结，由于浓度梯度导致多数载流子的扩散，留下

不能移动的正电中心和负电中心，所带电荷组成了空间电荷区，形成内建电场。内建电场又会导致载流子的反向漂移，直到扩散的趋势和漂移的趋势可以相抗衡，载流子不再移动，空间电荷区保持一定的范围，PN 结处于热平衡状态。

太阳光的照射会打破 PN 结的热平衡状态，能量大于禁带宽度的光子发生本征吸收，在 PN 结的两边产生电子-空穴对，如图 7-3 所示。在光激发下多数载流子浓度一般变化很小，而少数载流子浓度却变化很大，因此主要分析光生少数载流子的运动。P 型半导体中少数载流子指的是电子，N 型半导体中少数载流子指的是空穴。

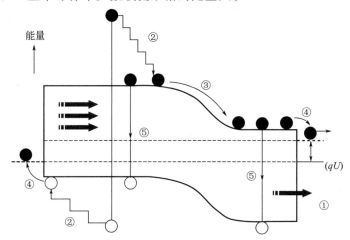

图 7-3    标准单结光伏电池能量损失过程

①—低于禁带宽度的光子没有被吸收；②—晶格热化损失；③—结损失；④—接触损失；⑤—复合损失

由于 PN 结势垒区中存在较强的内建电场（自 N 区指向 P 区），光生电子和空穴受到内建电场的作用而分离，P 区的电子穿过 PN 结进入 N 区；N 区的空穴进入 P 区，使 P 端电势升高，N 端电势降低，于是 PN 结两端形成了光生电动势，这就是 PN 结的光生伏特效应。由于光照产生的载流子各自向相反方向运动，从而在 PN 结内部形成自 N 区向 P 区的光生电流 $I_1$，如图 7-4（b）所示。由于光照在 PN 结两端产生光生电动势，光生电场的方向是从 P 型半导体指向 N 型半导体，与内建电场的方向相反，如同在 PN 结上加了正向偏压，使得内建电场的强度减小，势垒高度降低，引起 N 区电子和 P 区空穴向对方注入，形成从 P 型半导体到 N 型半导体的正向电流，正向电流的方向与光生电流的方向相反，会抵消 PN

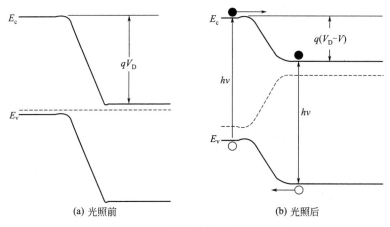

(a) 光照前          (b) 光照后

图 7-4    PN 结光照前、后的能带图

结产生的光生电流使得提供给外电路的电流减小，是光伏电池的不利因素，所以又把正向电流称为暗电流。在 PN 结开路情况下，光生电流和正向电流相等，PN 结两端建立起稳定的电势差 $V_{oc}$，这就是光伏电池的开路电压。如将 PN 结与外电路接通，只要光照不停止，就会有源源不断的电流通过电路，PN 结起了电源的作用。这就是光伏电池的基本原理。

### 7.1.3　光伏电池的 I -V 特性

光伏电池的电流-电压（$I$-$V$）特性非常有用，可以用来表征光伏电池的性能。对于如图 7-5 所示的电池结构，应用一定的边界条件，解少数载流子扩散方程，就能得到光伏电池的 $I$-$V$ 特性。

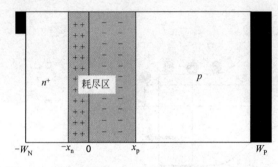

图 7-5　一维 PN 结结构

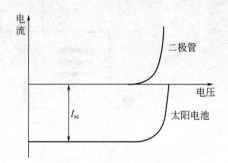

图 7-6　光伏电池暗态和光照时的 $I$-$V$ 特性

这里直接引入 Jeffery L. Gray 的分析结果，即

$$I = I_{sc} - I_{01}\left[\exp\left(\frac{qV}{k_0 T}\right) - 1\right] - I_{02}\left[\exp\left(\frac{qV}{2k_0 T}\right) - 1\right] \tag{7-8}$$

其中　　$I_{01} \propto qAn_i^2\left(\frac{D_n}{L_n N_A} + \frac{D_p}{L_p N_D}\right)$，$I_{02} = qAn_i\frac{x_n + x_p}{\tau_n + \tau_p} = qAn_i\frac{W_D}{\tau_D}$

式中，$I_{sc}$ 是短路电流；$I_{01}$ 是准中性区内复合所引起的暗饱和电流；$I_{02}$ 是耗尽区中复合所引起的暗饱和电流。图 7-6 给出了光伏电池无光照与光照下的 $I$-$V$ 特性曲线。短路时，光生电流 $I_1$ 就是短路电流 $I_{sc}$，可以看到，将暗特性曲线（即无光照情况）沿电流轴下移 $I_{sc}$ 的量就能得到光照下的特性曲线。

## 7.2　光伏电池性能表征

光伏电池性能表征

式（7-8）给出了光伏电池产生电流的一般表达式，其中短路电流和暗饱和电流都与光伏电池结构、材料特性和工作条件有关，全面了解光伏电池性能需要详细考察这些因素。不过，考察这个方程的基本组成，也能了解到关于光伏电池性能的很多知识。

若用一个等效电路模型来表示这个方程式，很明显光伏电池可以用一个理想恒流源（$I_{sc}$）与两个二极管并联来模拟，如图 7-7 所示，其中一个二极管的理想因子是 1，另一个是 2。注意电流源的电流方向与二极管的电流方向是相反的，也就是说，二极管可看成是正向偏置的。所以，总的电流

$$I = I_{sc} - I_{VD1} - I_{VD2} \tag{7-9}$$

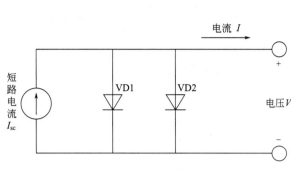

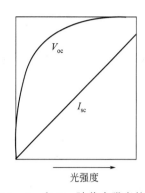

图 7-7　光伏电池的简化等效电路模型　　　　图 7-8　$I_{sc}$ 和 $V_{oc}$ 随着光强度的变化

为了简化分析，忽略二极管 $VD_2$，这是一个合理而普遍的假设，特别是在大的偏压下电池性能良好，与耗尽区复合相关的暗电流通常都很小，上式转化为

$$I = I_{sc} - I_{01}\left[\exp\left(\frac{qV}{k_0 T}\right) - 1\right] \tag{7-10}$$

此式就是肖克莱（Shockley）光伏电池方程，由此式进而可得

$$V = \frac{k_0 T}{q}\ln\left(\frac{I_{sc} - I}{I_{01}} + 1\right) \tag{7-11}$$

所以光伏电池的输出功率为

$$P = IV = I_{sc}V - I_{01}V\left(\exp\frac{qV}{k_0 T} - 1\right) \tag{7-12}$$

在开路情况下，负载上的电流 $I$ 为零，此时的电压称为开路电压，用 $V_{oc}$ 表示

$$V_{oc} = \frac{k_0 T}{q}\ln\left(\frac{I_{sc}}{I_{01}} + 1\right) \approx \frac{k_0 T}{q}\ln\frac{I_{sc}}{I_{01}} \tag{7-13}$$

在短路的情况下，即负载电阻、光生电压和正向电流 $I$ 均为零，此时的电流称为短路电流，用 $I_{sc}$ 表示，显然 $I_{sc} = I_1$，即短路电流等于光生电流。

短路电流和开路电压是光伏电池的两个重要参数，且随着太阳光强度的增加而增加，如图 7-8 所示，不过短路电流 $I_{sc}$ 呈线性增长，而开路电压 $V_{oc}$ 呈对数上升。

## 7.3　光伏电池的效率

光伏电池所能提供的最大电压是开路电压 $V_{oc}$，所能提供的最大电流是短路电流 $I_{sc}$，那么光伏电池所能输出的最大功率可以用 $P_m$ 表示，即

$$P_m = I_m V_m \tag{7-14}$$

式中，$I_m$ 和 $V_m$ 分别为光伏电池最大输出功率时所对应的电流和电压。对于理想的光伏电池，得到最大功率的条件可以由 $dP/dV = 0$ 获得，即

$$I_{sc} + I_{01} - I_{01}\left(1 + \frac{qV_m}{k_0 T}\right)\exp\frac{qV_m}{k_0 T} = 0 \tag{7-15}$$

整理后得到

$$V_{\mathrm{m}}=\frac{k_0 T}{q}\ln\left(1+\frac{I_{\mathrm{sc}}}{I_{01}}\right)-\frac{k_0 T}{q}\ln\left(1+\frac{qV_{\mathrm{m}}}{k_0 T}\right)=V_{\mathrm{oc}}-\frac{k_0 T}{q}\ln\left(1+\frac{qV_{\mathrm{m}}}{k_0 T}\right) \tag{7-16}$$

对应的最大电流为

$$I_{\mathrm{m}}=I_{\mathrm{sc}}-I_{01}\left(\exp\frac{qV_{\mathrm{m}}}{k_0 T}-1\right)\approx I_{\mathrm{sc}}\left(1-\frac{k_0 T}{qV_{\mathrm{m}}}\right) \tag{7-17}$$

于是光伏电池的最大输出功率为

$$P_{\mathrm{m}}=I_{\mathrm{m}}V_{\mathrm{m}}\approx I_{\mathrm{sc}}\left[V_{\mathrm{oc}}-\frac{k_0 T}{q}\ln\left(1+\frac{qV_{\mathrm{m}}}{k_0 T}\right)-\frac{k_0 T}{q}\right] \tag{7-18}$$

光伏电池的理想转换效率就是最大输出功率与入射功率之比

$$\eta=\frac{P_{\mathrm{m}}}{P_{\mathrm{in}}}=\frac{I_{\mathrm{m}}V_{\mathrm{m}}}{P_{\mathrm{in}}}=\frac{I_{\mathrm{sc}}\left[V_{\mathrm{oc}}-\dfrac{k_0 T}{q}\ln\left(1+\dfrac{qV_{\mathrm{m}}}{k_0 T}\right)-\dfrac{k_0 T}{q}\right]}{P_{\mathrm{in}}} \tag{7-19}$$

定义 $I_{\mathrm{m}}V_{\mathrm{m}}$ 与 $I_{\mathrm{sc}}V_{\mathrm{oc}}$ 两个矩形的面积之比为填充因子 $FF$

$$FF=\frac{I_{\mathrm{m}}V_{\mathrm{m}}}{I_{\mathrm{sc}}V_{\mathrm{oc}}} \tag{7-20}$$

$FF$ 量度了 $I\text{-}V$ 特性曲线的"方形"程度。实际上做得比较好的光伏电池的填充因子一般为 0.8 左右。理想的光伏电池的填充因子加下标以示区别,即 $FF_0$。$FF_0$ 与开路电压 $V_{\mathrm{oc}}$ 呈函数关系,关系式的经验表达式为

$$FF_0=\frac{\upsilon_{\mathrm{oc}}-\ln(\upsilon_{\mathrm{oc}}+0.72)}{1+\upsilon_{\mathrm{oc}}} \tag{7-21}$$

定义 $\upsilon_{\mathrm{oc}}=V_{\mathrm{oc}}/(k_0 T/q)$。光伏电池的能量转换效率可表示为

$$\eta=\frac{I_{\mathrm{m}}V_{\mathrm{m}}}{P_{\mathrm{in}}}=\frac{I_{\mathrm{sc}}V_{\mathrm{oc}}FF}{P_{\mathrm{in}}} \tag{7-22}$$

至此,可以用 $I_{\mathrm{sc}}$、$V_{\mathrm{oc}}$、$FF$ 和 $\eta$ 这 4 个参数来描述光伏电池的性能。

为了更清晰地说明光伏电池的 4 个参数,利用表 7-1 的单晶硅光伏电池的结构模型物理参数来模拟光伏电池的电流-电压关系,图 7-9 就是在 AM1.5 太阳光照射下的 $I\text{-}V$ 特性曲线。

**表 7-1　单晶硅光伏电池结构模型物理参数**

| 物理参数 | 数值 | 物理参数 | 数值 |
|---|---|---|---|
| 器件截面积/$cm^2$ | 100 | 电子扩散长度/$\mu m$ | 1100 |
| N 型半导体厚度/$\mu m$ | 0.35 | 空穴扩散系数/($cm^2 \cdot V^{-1} \cdot s^{-1}$) | 1.5 |
| N 型半导体掺杂浓度/(个/$cm^3$) | $1\times10^{20}$ | 空穴寿命/$\mu s$ | 1 |
| P 型半导体厚度/$\mu m$ | 300 | 空穴扩散长度/$\mu m$ | 12 |
| P 型半导体掺杂浓度/(个/$cm^3$) | $1\times10^{15}$ | 前电极表面复合速率/(cm/s) | $3\times10^4$ |
| 电子扩散系数/($cm^2 \cdot V^{-1} \cdot s^{-1}$) | 35 | 背电极表面复合速率/(cm/s) | $1\times10^2$ |
| 电子寿命/$\mu s$ | 350 | | |

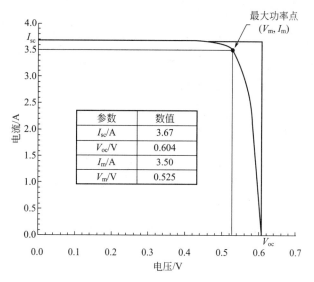

图 7-9　硅光伏电池电流-电压特性

# 7.4　光伏电池效率分析

高效的光伏电池要求有高的短路电流、开路电压和填充因子。这 3 个参数与电池材料、几何结构和制备工艺密切相关。

光伏电池效率分析

## 7.4.1　禁带宽度的影响

大于禁带宽度的能量被半导体本征吸收，产生电子-空穴对，形成光生电流 $I_1$。禁带宽度变小时，有更多的能量能被半导体本征吸收，产生更多的电子-空穴对，因而光生电流 $I_1$ 和短路电流 $I_{sc}$ 增加。禁带宽度的减小还会引起本征载流子浓度指数增加：

$$n_i^2 = N_c N_v \exp\left(-\frac{E_g}{k_0 T}\right) \tag{7-23}$$

本征载流子浓度的增加又会引起反向饱和电流的增加：

$$I_{01} \propto q A n_i^2 \left(\frac{D_n}{L_n N_A} + \frac{D_p}{L_p N_D}\right) \tag{7-24}$$

反向饱和电流的增加会降低 $V_{oc}$。所以禁带宽度的降低一方面能增加光生电流，另一方面又降低开路电压，所以存在一个最佳的半导体禁带宽度使得效率最大化。电池转换效率随禁带宽度的变化如图 7-10 所示。

## 7.4.2　温度的影响

分析光伏电池的 I-V 特性曲线可发现 $I_{01} \propto n_i^2$，$I_{02} \propto n_i$。本征载流子浓度增加提高了暗饱和电流，导致开路电压的下降。暗饱和电流还包含其他受温度影响的参数（扩散系数 $D$、寿命 $\tau$、表面复合速率 $S$），但温度与本征载流子浓度的依赖关系占主导。本征载流子浓度

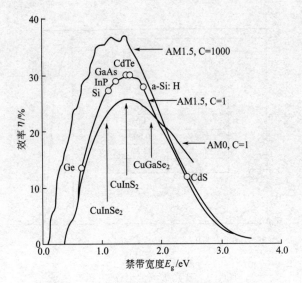

图 7-10    电池转换效率随禁带宽度的变化

$$n_i = 2(m_n^* m_p^*)^{3/4} \left( \frac{2\pi k_0 T}{h^2} \right)^{3/2} \exp\left( -\frac{E_g}{2k_0 T} \right) \tag{7-25}$$

一般有效质量与温度呈弱的函数关系，温度对半导体的禁带宽度有直接的影响，经验表达式

$$E_g(T) = E_g(0) - \frac{\alpha T^2}{T + \beta} \tag{7-26}$$

随着温度的上升半导体的禁带宽度变小。与上述的分析一样，禁带宽度降低尽管提高了短路电流 $I_{sc}$，但同时又会降低开路电压 $V_{oc}$。在一般的工作条件下，短路电流受温度影响较小。而开路电压与温度之间的依赖关系可近似表示为

$$\frac{dV_{oc}}{dT} = \frac{V_{oc} - E_g(0)/q}{T} - \gamma \frac{k_0}{q} \tag{7-27}$$

这表示随着温度的升高，$V_{oc}$ 近似线性下降，光伏电池效率降低。

### 7.4.3    寿命和扩散长度的影响

少数载流子寿命对光伏电池的性能影响不言而喻。基区少数载流子对 $I_{sc}$、$V_{oc}$ 和 $FF$ 都有影响。短的寿命意味着少数载流子在基区中的扩散长度远小于基区的厚度，输运过程中基本上被复合了，扩散不到背电极，收集不到光生载流子。扩散长度远小于基区长度时，可写为

$$I_{01,n} = qA \frac{D_n n_i^2}{L_n N_A} \tag{7-28}$$

可见，少数载流子寿命增加，$L_n$ 增大，暗饱和电流减小，有利于提高 $V_{oc}$。同时 $I_{sc}$、$FF$ 都相应增加。扩散长度远大于基区长度时，载流子基本上都能扩散到背电极，$I_{sc}$ 趋于饱和。

### 7.4.4　寄生电阻的影响

实际的光伏电池存在着串联电阻 $R_s$ 和并联（旁路）电阻 $R_{sh}$。串联电阻主要来源于半导体材料的体电阻、前电极金属栅线与半导体的接触电阻、栅线之间横向电流对应的电阻和背电极与半导体的接触电阻等；并联电阻是 PN 结漏电流引起的，包括绕过电池边缘的漏电流及由于结区存在晶体缺陷和外来杂质的沉淀物所引起的内部漏电。实际的光伏电池还必须考虑与耗尽区复合相关的二极管，所以实际的等效电路如图 7-11 所示，其中包括了两个二极管，考虑到上述因素的影响 $I\text{-}V$ 关系式应为

$$I = I'_{sc} - I_{01}\left[\exp\left(q\,\frac{V+IR_s}{k_0 T}\right)-1\right] - I_{02}\left[\exp\left(q\,\frac{V+IR_s}{2k_0 T}\right)-1\right] - \frac{V+IR_s}{R_{sh}} \tag{7-29}$$

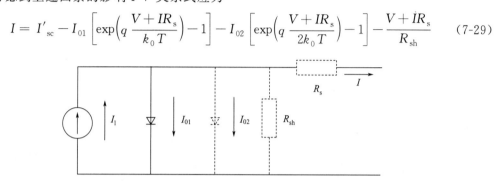

图 7-11　完整的光伏电池等效电路

$I'_{sc}$ 是不考虑寄生电阻时的短路电流。寄生电阻对 $I\text{-}V$ 特性的影响如图 7-12 所示。从式（7-29）也可以看出，并联电阻对短路电流没有影响，但能降低开路电压；串联电阻对开路电压没有影响，但能降低短路电流。为分析方便，将式中两个二极管的理想因子合并成一个理想因子 $n$，于是可改写为

$$I = I'_{sc} - I_0\left[\exp\left(q\,\frac{V+IR_s}{nk_0 T}\right)-1\right] - \frac{V+IR_s}{R_{sh}} \tag{7-30}$$

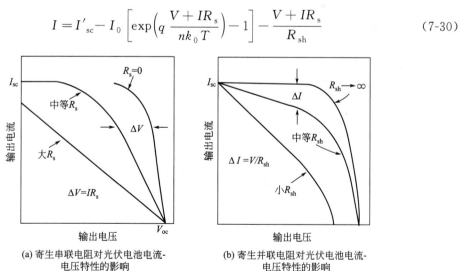

(a) 寄生串联电阻对光伏电池电流-
电压特性的影响

(b) 寄生并联电阻对光伏电池电流-
电压特性的影响

图 7-12　寄生电阻对 $I\text{-}V$ 特性的影响

其中 $n$ 为二极管的理想因子，当二极管中准中性区的复合占主导时 $n \approx 1$；耗尽区的复合占主导时 $n \to 2$。光伏电池中两个区域的复合可以相比拟，$n$ 在 1 与 2 之间。

短路时，式（7-30）改写为

$$I_{sc} = I'_{sc} - I_0 \left[ \exp\left(\frac{qI_{sc}R_s}{nk_0T}\right) - 1 \right] - \frac{I_{sc}R_s}{R_{sh}} \qquad (7\text{-}31)$$

开路时，式（7-30）改写为

$$0 = I'_{sc} - I_0 e^{V_{oc}/nk_0T} - 1 - V_{oc}/R_{sh} \qquad (7\text{-}32)$$

作 $\ln I_{sc}$ 与 $V_{oc}$ 的关系曲线，如图 7-13 所示，可以看到有一个串联电阻和并联电阻都不重要的线性区域，其斜率就是二极管的理想因子 $n$，将其延长与 $y$ 轴的斜率就是饱和电流 $I_0$。

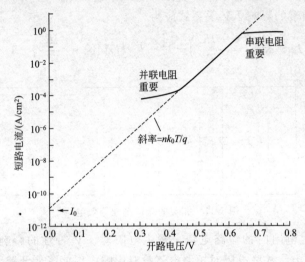

图 7-13　短路电流与开路电压关系

在只有串联电阻重要的区域，联合式（7-31）和式（7-32）得

$$I_{sc}R_s = \frac{nk_0T}{q}\ln\left[\frac{I_0 e^{qV_{oc}/nk_0T} - I_{sc}}{I_0}\right] \qquad (7\text{-}33)$$

作 $I_{sc}$ 与 $\ln(I_0 e^{qV_{oc}/nk_0T} - I_{sc})$ 的曲线，从其斜率可以推导出串联电阻 $R_s$。类似地，只有并联电阻重要的区域，联合式（7-32）和式（7-33）得

$$\frac{V_{oc}}{R_{sh}} = I_{sc} - I_0 e^{qV_{oc}/nk_0T} \qquad (7\text{-}34)$$

作 $V_{oc}$ 与 $(I_{sc} - I_0 e^{qV_{oc}/nk_0T})$ 的曲线可以从其推导出并联电阻 $R_{sh}$。

串联电阻 $R_s$ 和并联电阻 $R_{sh}$ 主要影响光伏电池的填充因子。串联电阻和并联电阻对填充因子的影响可表示为

$$FF = FF_0(1 - r_s)\left[1 - \frac{v_{oc} + 0.7}{v_{oc}} \times \frac{FF_0(1 - r_s)}{r_{sh}}\right] \qquad (7\text{-}35)$$

其中 $FF_0$ 为理想填充因子，$r_s = R_s I_{sc}/V_{oc}$，$r_{sh} = R_{sh}I_{sc}/V_{oc}$。

# 7.5　晶硅光伏产业链概述

硅为世界上第二丰富的元素，占地壳含量的 1/4，是介于金属和非金属之间的半金属。

硅在地壳中的丰度为 27.7%，在常温下化学性质稳定，是具有灰色金属光泽的固体，晶态硅的熔点为 1414℃、沸点为 2355℃，原子序数为 14，属于第ⅣA 族元素，相对原子质量为 28.085，密度为 2.422g/cm³，莫氏硬度为 7。

硅以大量的硅酸盐矿石和石英矿的形式存在于自然界。由于硅易与氧结合，自然界中没有游离态的硅存在。

现今光伏发电市场中，晶硅光伏电池占据了 90% 以上的市场，在此主要描述光伏晶硅产业链。

## 7.5.1 硅材料的冶炼

工业硅生产的基本任务就是把合金元素从矿石或氧化物中提取出来，理论上可以通过热分解、还原剂还原和电解等方法生产。在这三种方法中，电解法属于湿法冶金范畴，第一种方法在实际生产中会带来很多困难，因为元素与氧的亲和力较大，除少数元素的高价氧化物外，其余的氧化物都很稳定，通常要在 2000℃ 以上才能分解，这样高的温度在实际生产中会带来很多困难。硅的冶炼一般通过热分解、还原剂还原两种方法来制取，下面着重研究用还原剂法制取冶金硅的基本原理。

工业硅是在单相或三相电炉中冶炼的，绝大多数容量大于 5000kV·A，三相电炉使用的是石墨电极或碳素电极，采用连续法生产方式，也有自焙电极生产的，但产品质量不大理想；传统的是固定炉体的电炉，旋转炉体的电炉近年来开始使用。有企业实践证明，使用旋转电炉减少了电能的消耗约 3%～4%，相应地提高了电炉生产率和原料利用率，并大大地减轻了炉口操作的劳动强度，在炉口料面不需要扎眼透气，对改善所有料面操作过程是很有利的。工业硅是采用连续方法冶炼的。硅矿石在高温的情况下，与焦炭进行反应，生产原理如下。

$$SiO_2 + 2C \xrightarrow{\triangle} Si + 2CO$$

## 7.5.2 高纯度多晶硅的提纯

硅按不同的纯度可以分为冶金级硅（MG）、太阳能级硅（SG）、电子级硅（EG）。一般来说，经过浮选和磁选后的硅石（主要成分为 $SiO_2$）放在电弧炉里和焦炭生成冶金级硅。然后进一步提纯到更高级数的硅。目前处于世界主流的传统提纯工艺主要有两种：改良西门子法和硅烷法。它们统治了世界上绝大部分的多晶硅生产线，是多晶硅生产规模化的重要级数，在此主要介绍改良西门子法。

改良西门子法是以 Cl（或 $H_2$、$Cl_2$）和冶金级工业硅为原料，在高温下合成为 $SiHCl_3$，然后通过精馏工艺，提纯得到高纯 $SiHCl_3$，最后用超高纯的氢气对 $SiHCl_3$ 进行还原得到高纯多晶硅棒。主要工艺流程如图 7-14 所示。

## 7.5.3 直拉单晶硅棒

单晶硅棒制备主要是指由高纯多晶硅拉制单晶硅棒的过程。单晶硅材料是非常重要的晶体硅材料，根据生长方式的不同，可以分为区熔单晶硅和直拉单晶硅。区熔单晶硅是利用悬浮区域（Float zone）熔炼的方法制备的，所以又称 FZ 单晶硅。直拉单晶硅是利用切氏法（Parochialism）制备单晶硅，称为 CZ 单晶硅。这两种单晶硅具有不同的特性和不同的器件

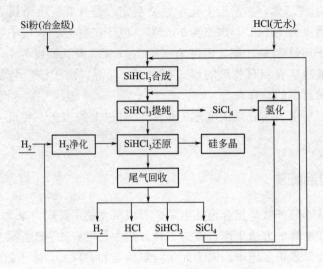

图 7-14　改良西门子法主要工艺流程图

应用领域，区熔单晶硅主要应用于大功率器件方面，只占单晶硅市场很小的一部分，在国际市场上约占 10％；而直拉单晶硅主要应用于微电子集成电路和光伏电池方面，是单晶硅的主体。与区熔单晶硅相比，直拉单晶硅的制造成本相对较低，机械强度较高，易制备大直径单晶。所以，太阳电池领域主要应用直拉单晶硅，而不是区熔单晶硅。

直拉法生长晶体的技术是由波兰的 J. Czochralski 在 1918 年发明的，所以又称切氏法。1950 年 Teal 等将该技术用于生长半导体锗单晶，然后又利用这种方法生长直拉单晶硅，在此基础上，Dash 提出了直拉单晶硅生长的"缩颈"技术，G. Ziegler 提出了快速引颈生长细颈的技术，构成了现代制备大直径无位错直拉单晶硅的基本方法。目前，单晶硅的直拉法生长已是单晶硅制备的主要技术，也是太阳电池用单晶硅的主要制备方法。单晶硅棒如图 7-15所示，单晶炉外形如图 7-16 所示。

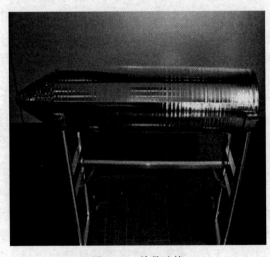

图 7-15　单晶硅棒

图 7-16　单晶炉外形

直拉单晶硅的制备工艺一般包括原料的准备、掺杂剂的选择、石英坩埚的选取、籽晶和籽晶定向、装炉、熔硅、种晶、缩颈、放肩、等径、收尾和停炉等。

## 7.5.4 铸造多晶硅锭

直到 20 世纪 90 年代，光伏工业还是主要建立在单晶硅的基础上。虽然单晶硅光伏电池的成本在不断下降，但是与常规电力相比还是缺乏竞争力，因此，不断降低成本是光伏界追求的目标。自 20 世纪 80 年代铸造多晶硅发明和应用以来，增长迅速，80 年代末期它仅占太阳电池材料的 10％左右，至 1996 年底它已占整个太阳电池材料的 36％，它以相对低成本、高效率的优势不断挤占单晶硅的市场，成为最有竞争力的太阳电池材料。21 世纪初已占 50％以上，成为最主要的太阳电池材料。

光伏电池多晶硅锭是一种柱状晶，晶体生长方向垂直向上，是通过定向凝固（也称可控凝固、约束凝固）过程来实现的，即在结晶过程中，通过控制温度场的变化，形成单方向热流（生长方向与热流方向相反），并要求液固界面处的温度梯度大于 0，横向则要求无温度梯度，从而形成定向生长的柱状晶。实现多晶硅定向凝固生长的四种方法分别是：布里曼法、热交换法、电磁铸锭法、浇铸法。目前企业生产多晶硅最常用的方法为热交换法。多晶硅锭如图 7-17 所示，铸锭炉外形如图 7-18 所示。

热交换法生产多晶硅的制备工艺一般包括原料的准备、掺杂剂的选择、坩埚喷涂、装料、装炉、加热、化料、长晶、退火、冷却、出锭、硅锭冷却、石墨护板拆卸等。

图 7-17　多晶硅锭

图 7-18　多晶硅铸锭炉外形

## 7.5.5 硅片加工

硅片加工过程中所包含的制造步骤，根据不同的硅片生产商有所变化。这里介绍的硅片加工主要包括开方、切片、清洗等工艺。常见单晶硅片、多晶硅片如图 7-19 和图 7-20 所示。单晶硅片与多晶硅硅片的加工工艺大部分相同。

单晶硅片加工工艺流程为：单晶硅棒→截断→开方→磨面→外径滚圆→切片→清洗→检测→包装。

多晶硅加工工艺流程主要为：开方→磨面→倒角→切片→清洗→检测→包装等。

图 7-19　单晶硅片

图 7-20　多晶硅片

## 7.5.6　晶硅电池及组件制备

晶硅电池加工过程中所包含的制造步骤，根据不同的电池生产商有所不同。常见的晶硅电池制备工艺主要包括制绒、扩散制结、去周边层、去 PSG、PECVD、丝网印刷、烧结、测试包装等。常见单晶硅电池片、多晶硅电池片如图 7-21 所示。

(a) 单晶硅电池片

(b) 多晶硅电池片

图 7-21　晶硅电池片

晶硅组件加工过程中所包含的制造工艺步骤，主要为生产准备、单片焊接、单片串接、组件敷设与检验、层压封装、装框与装接线盒、成品终测、成品清洗、成品包装入库等。目前最常用的晶硅组件尺寸为 1640mm×992mm×40mm，由 60 片或 72 片 156mm×156mm 的电池片焊接而成，功率为 250～260W、300～320W 不等。

光伏发电系统分类及组成

## 7.5.7　光伏发电系统

光伏发电系统是通过光伏电池将太阳辐射能转换为电能的发电系统。光伏发电系统的主要组成结构由光伏组件（或方阵）、蓄电池（离网光伏发电系统需要蓄电池）、光伏控制器、逆变器（在有需要输出交流电的情况下使用）等设施构成，光伏发电系统通常分为离网与并网光伏发电系统。

**（1）离网光伏发电系统**

典型离网光伏发电系统如图 7-22 所示。

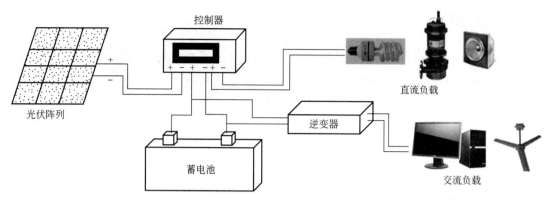

图 7-22    离网光伏发电系统结构

光伏组件将太阳光的辐射能量转换为电能，并送往蓄电池中存储起来，也可以直接用于推动负载工作；蓄电池用来存储光伏组件产生的电能，并可随时向负载供电；光伏控制器的作用是控制光伏组件对蓄电池充电以及蓄电池对负载放电，防止蓄电池过充、过放；交流逆变器是把光伏组件或者蓄电池输出的直流电转换成交流电供应给电网或者交流负载。

**（2）并网光伏发电系统**

并网光伏发电系统结构如图 7-23 所示，一般由光伏阵列、直流配电柜、逆变器、交流配电柜、监控系统等组成，高压侧光伏并网系统还包括升压变压器。

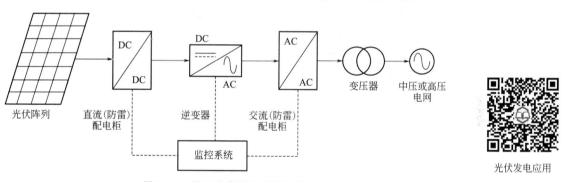

图 7-23    并网光伏发电系统结构

光伏方阵为光伏发电系统提供能量，常用的光伏组件为单晶硅组件、多晶硅组件以及非晶硅组件。光伏阵列汇流箱的主要作用是来将光伏阵列的多个组串电流汇聚，部分汇流还有防雷接地保护功能、直流配电功能与数据采集功能，通过 RS-485 串口输出状态数据，与监控系统连接后实现组串运行状态监控。直流防雷配电柜的主要功能是将汇流箱送过来的直流再进行汇流、配电与监测，同时还具备防雷、短路保护等功能。并网型光伏逆变器除了具有将直流转化交流功能外，还具有自动运行和停机、最大功率跟踪控制、防孤岛效应、电压自动调整、直流检测、直流接地检测等功能。交流配电柜的主要功能是逆变的交流电再进行汇流、配电与保护、数据监测、电能计量。交流配电柜内部集成了断路器、配电开关、光伏防雷器、电压表、电流表、电能计量表等。电网接入设备根据并入电网电压的等级配置。用户侧光伏并网系统并入 380V 市电，一般配置低压配电柜即可；而并入 35kV 及更高电压的光伏发电站，需配置低压开关柜、双绕组升压变压器、双分裂升压变压器、高压开关柜等。

##  本章小结

　　世界各国都在大力提倡光伏发电，光伏发电的主要原理就是光生伏打效应。然而光伏电池效率受到许多因素的影响，如材料性能、温度、制备工艺等，提高光伏发电的效率是人类追求的永恒目标。我们需要加强对不同的光伏电池结构的学习与理解。

## 知识拓展

**学习笔记**

光伏为中国航天保驾护航

## 思考题

1. 结合图形分析光伏发电的原理，谈谈对发电效率影响的因素有哪些？
2. 针对光伏电池发电，谈谈如何提高光伏电池的效率？
3. 分析杂质、掺杂浓度等对光伏电池造成影响的原因。
4. 简单阐述晶硅光伏产业链。

# 第 8 章
# 光伏电池的化学反应

 **知识目标**

① 熟悉光伏产业链中主要的酸反应。
② 熟悉光伏产业链中主要的碱反应。
③ 掌握多晶硅原料制备中的化学反应。
④ 掌握晶硅电池扩散工序中的化学反应。
⑤ 掌握晶硅电池 PECVD 工序中的化学反应。

 **思政与职业素养目标**

① 培育学生的科学精神和探索创新精神。
② 树立学生科技报国的远大理想。
③ 树立学生的规范意识和安全生产意识。

## 8.1 酸反应

### 8.1.1 硅锭（棒）材料清洗过程中的酸腐蚀反应

硅锭（棒）材料的腐蚀分为多晶硅原料的腐蚀、籽晶和母合金的腐蚀、石英坩埚的腐蚀。多晶硅原料、籽晶和母合金的清洗原理一致，清洗主要目的是除去多晶硅原料的氧化物，使用的酸溶液是硝酸和氢氟酸。硅的化学性质比较稳定，几乎不溶于所有的酸，但它能溶于硝酸和氢氟酸的混合溶液，化学反应中，硝酸主要起氧化作用，纵向深入硅内，而氢氟酸主要起络合作用，横向剥离氧化层。具体化学反应式如下：

$$Si + 4HNO_3 \xrightarrow{HF} SiO_2 + 4NO_2 \uparrow + 2H_2O$$

$$SiO_2 + 6HF =\!=\!= H_2[SiF_6] + 2H_2O$$

两个反应方程式合并：

$$Si + 4HNO_3 + 6HF =\!=\!= H_2[SiF_6] + 4NO_2 \uparrow + 4H_2O$$

石英坩埚的主要成分是二氧化硅，石英坩埚腐蚀主要使用溶剂为氢氟酸，反应方程式如下：

$$SiO_2 + 4HF \Longrightarrow SiF_4 \uparrow + 2H_2O$$

$$SiF_4 + 2HF \Longrightarrow H_2[SiF_6]$$

## 8.1.2　硅片清洗过程的酸反应

硅片清洗处理方式分为湿法清洗和干法清洗两大类，湿法清洗是目前较常见的清洗方式，湿法清洗又分为化学清洗和物理清洗两种，这里着重讨论化学清洗。传统的化学清洗技术称为 RCA 清洗工艺技术，清洗工序基本上为：SC-1→DHF→SC-2，SC-1 工序主要的化学反应是碱反应，DHF 和 SC-2 工序主要的化学反应是酸反应。本节着重介绍 DHF 和 SC-2 工序的化学反应。

DHF 清洗液是氢氟酸溶液，其清洗目的是去除表面的自然氧化膜，同时将附着在自然氧化膜上的金属溶解到清洗液中，同时 DHF 清洗可以抑制自然氧化膜的形成。因此，DHF 清洗可以去除表面的 Al、Fe、Zn、Ni 等金属，另外 DHF 清洗也能去除附在自然氧化膜上的金属氢氧化物。但是 DHF 清洗液不能去除 Cu，因为 Cu 的氧化还原电位比氢高。DHF 清洗过程的主要的化学反应如下：

$$SiO_2 + 6HF \Longrightarrow SiF_6 \uparrow + H_2 \uparrow + 2H_2O$$

$$2Al + 6HF \Longrightarrow 2AlF_3 + 3H_2 \uparrow$$

$$Fe + 2HF \Longrightarrow FeF_2 + H_2 \uparrow$$

$$Zn + 2HF \Longrightarrow ZnF_2 + H_2 \uparrow$$

$$Ni + 2HF \Longrightarrow NiF_2 + H_2 \uparrow$$

$$Al(OH)_3 + 3HF \Longrightarrow AlF_3 + 3H_2O$$

SC-2 清洗液是盐酸和过氧化氢的混合溶液，其清洗目的是去除硅片表面的金属离子沾污，硅片表面经过 SC-2 液洗后，表面 Si 大部分以 O 键为终端结构，形成一层自然氧化膜，SC-2 中的 HCl 靠溶解和络合作用形成可溶的碱或者金属盐，在大量纯水的冲洗下被带走。主要化学反应如下：

$$Si + 2H_2O_2 \Longrightarrow SiO_2 + 2H_2O$$

$$Zn + 2HCl \Longrightarrow ZnCl_2 + H_2 \uparrow$$

$$Fe + 2HCl \Longrightarrow FeCl_2 + H_2 \uparrow$$

$$2Al + 6HCl \Longrightarrow 2AlCl_3 + 3H_2 \uparrow$$

## 8.1.3　光伏电池制备工艺中的酸反应

在光伏电池制备工艺工程中涉及的酸反应主要有制绒环节、刻蚀环节和去 PSG 环节。

光伏电池制绒环节中，光伏电池制备时首先需要利用化学腐蚀将损伤层去除，然后制备表面绒面结构，这种结构比平整的化学抛光的硅片表面具有更好的减反射效果，能够更好地吸收和利用太阳光。制绒方式分为各向异性碱腐蚀和各向同性酸腐蚀两种方式，本节主要介绍各向同性酸腐蚀。各向同性酸腐蚀主要利用非择优腐蚀的酸性腐蚀剂，在铸造多晶硅表面制造类似的绒面结构，增加对光的吸收。到目前为止，人们研究最多的是 HF 和 HNO$_3$ 的混合液。其中 HNO$_3$ 作为氧化剂，它与硅反应，在硅的表面产生致密的不溶于硝酸的 SiO$_2$ 层，使得 HNO$_3$ 和硅隔离，反应停止；但是二氧化硅可以和 HF 反应，生成可溶解于水的络合物六氟硅酸，导致 SiO$_2$ 层的破坏，从而硝酸对硅的腐蚀再次进行，最终使得硅表面不断被腐蚀。具体的反应式如下：

$$3Si + 4HNO_3 = 3SiO_2 + 2H_2O + 4NO\uparrow$$
$$SiO_2 + 6HF = H_2(SiF_6) + 2H_2O$$

光伏电池的刻蚀环节主要是去除扩散过程中硅片边缘带有的磷，避免 PN 结短路造成并联电阻降低。刻蚀分为干法刻蚀和湿法刻蚀两种，本节主要介绍湿法刻蚀。湿法刻蚀大致的腐蚀机制是 HNO$_3$ 氧化生产 SiO$_2$，HF 再去除 SiO$_2$，化学反应方程式如下：

$$3Si + 4HNO_3 = 3SiO_2 + 4NO\uparrow + 2H_2O$$
$$SiO_2 + 4HF = SiF_4\uparrow + 2H_2O$$
$$SiF_4 + 2HF = H_2SiF_6$$

去 PSG 环节的目的是去除扩散时残留于硅片表面的磷硅玻璃（掺 P$_2$O$_5$ 的 SiO$_2$，含有未渗入硅片的磷源）。主要方法是利用 HF 与 SiO$_2$ 能够快速反应的化学特性，使硅片表面的 PSG 溶解。主要反应方程式如下：

$$4HF + SiO_2 = SiF_4\uparrow + 2H_2O$$

# 8.2　碱反应

## 8.2.1　硅锭（棒）材料清洗过程中的碱腐蚀反应

硅在常温下能和碱发生反应，生成硅酸盐，放出氢气，所以在腐蚀硅料、籽晶以及母合金的时候，可以用 10%～30% 氢氧化钠溶液腐蚀，主要反应方程式如下：

$$Si + 2NaOH + H_2O = Na_2SiO_3 + H_2\uparrow$$

## 8.2.2　硅片清洗过程的碱反应

硅片清洗过程中的 SC-1 清洗过程的主反应是碱反应，清洗液的主要成分是 NH$_4$OH、H$_2$O$_2$，SC-1 清洗的主要目的是去除颗粒沾污粒子，同时也能去除部分金属杂质。主要化学反应如下：

$$2H_2O_2 + Si = SiO_2 + 2H_2O$$
$$SiO_2 + 4NH_4OH = (NH_4)_4SiO_4 + 2H_2O$$

## 8.2.3　光伏电池制备工艺中的碱反应

对于单晶硅而言，最常用的是各向异性碱腐蚀，因为在硅晶体中，（111）面是原子最密排面，腐蚀速率最慢，所以腐蚀后 4 个与晶体硅（100）面相交的（111）面构成了金字塔结构。单晶硅碱腐蚀的主要溶剂为氢氧化钠溶液，制绒工艺的化学反应式如下：

$$Si + 2NaOH + H_2O = Na_2SiO_3 + 2H_2\uparrow$$

## 8.3　其他化学反应

### 8.3.1　多晶硅原料制备中的化学反应

多晶硅原料的制备过程是一个比较庞大的化工体系，涉及很多的化学反应。本节主要介绍当前主流多晶硅生产技术（改良西门子法）中的相关化学反应：工业硅的制备、氢气的制备、氯化氢的合成、三氯氢硅的合成、三氯氢硅的还原、尾气回收。

**（1）工业硅的制备**

硅石在1820℃下被还原成工业硅，总体反应过程如下：

$$SiO_2 + 2C \Longrightarrow Si + 2CO$$

在实际生产过程中硅石的还原比较复杂，从冷状态下炉内情况出发，实际生产中炉内发生的反应是炉料入炉后不断下降，受到上升炉气的作用，温度不断升高，上升的SiO发生如下反应：

$$2SiO \Longrightarrow Si + SiO_2$$

当炉料继续下降，温度升到1820℃以上时，发生如下反应：

$$SiO + 2C \Longrightarrow SiC + CO$$
$$SiO + SiC \Longrightarrow 2Si + CO$$
$$SiO_2 + C \Longrightarrow SiO + CO$$

当温度再升高时，发生如下反应：

$$2SiO_2 + SiC \Longrightarrow 3SiO + CO$$

在电极下发生如下反应：

$$SiO_2 + 2SiC \Longrightarrow 3Si + 2CO$$
$$3SiO_2 + 2SiC \Longrightarrow Si + 4SiO + 2CO$$

在炉料下降的过程中发生如下反应：

$$SiO + CO \Longrightarrow SiO_2 + C$$
$$3SiO + CO \Longrightarrow 2SiO_2 + SiC$$

**（2）氢气的制备**

氢的规模生产主要是电解水生产氢工艺，由于纯水是不良导体，电阻比较大，所以电解水制氢时需要在水中加入电解质来增大水的导电性，一般使用15%的氢氧化钾溶液作为电解质，主要电极反应如下：

$$阴极：2K^+ + 2H_2O + 2e^- \longrightarrow 2KOH + H_2$$

$$阳极：2OH^- \longrightarrow H_2O + 1/2O_2 + 2e^-$$

**（3）氯化氢的合成**

氯化氢合成是在合成炉内，氯气与氢气合成氯化氢气体。反应如下：

$$H_2 + Cl_2 \Longrightarrow 2HCl$$

生成的HCl含有少量的水分，由于水分与HCl之间是一种化合亲和状态，一般的硅胶分离效果较差，必须采用冷冻脱水干燥的方式去除HCl中的水分。氯气和氢气反应要求在黑暗中进行，如果受到强光照射或加热，氯和氢立即发生爆炸，因此在生产过程中必须严格控制操作条件。

#### （4）三氯氢硅的合成

三氯氢硅是通过硅粉和氯化氢在 280～320℃的温度条件下生成的，反应式如下：

$$Si+3HCl \xrightarrow{280\sim320℃} SiHCl_3+H_2$$

三氯氢硅的合成也伴随着副反应的发生，随着温度的升高，$SiH_4$ 的生成量不断变大，$SiHCl_3$ 的生成量不断减少，当温度超过 350℃时，将生成大量的 $SiCl_4$，具体反应如下：

$$Si+4HCl \xrightarrow{\geqslant350℃} SiCl_4+2H_2$$

在合成 $SiHCl_3$ 的同时还会生成各种氯硅烷及 Fe、C、P、B 等杂质元素的卤化物。另外，当温度过低时，还可以生成 $SiH_2Cl_2$ 低沸物，具体反应如下：

$$Si+4HCl \xrightarrow{\leqslant280℃} SiH_2Cl_2+H_2$$

三氯氢硅的合成过程是一个复杂的平衡体系，可能有很多物质同时生成，因此要严格控制操作条件才能得到更多的三氯氢硅。

#### （5）三氯氢硅的还原

经提纯和净化的 $SiHCl_3$ 和 $H_2$ 按照一定比例进入还原炉，在 1080～1100℃温度下，$SiHCl_3$ 被 $H_2$ 还原，生成的硅沉积在发热体硅芯上，具体反应如下：

$$SiHCl_3+H_2 \xrightarrow{1080\sim1100℃} Si+3HCl$$

同时还会发生 $SiHCl_3$ 热分解和 $SiCl_4$ 的还原反应，以及杂质的还原反应，具体反应如下：

$$4SiHCl_3 \xrightarrow{1080\sim1100℃} Si+3SiCl_4+2H_2$$

$$SiCl_4+2H_2 \xrightarrow{1080\sim1100℃} Si+4HCl$$

$$2BCl_3+3H_2 == 2B+6HCl$$

$$2PCl_3+3H_2 == 2P+6HCl$$

#### （6）尾气回收

尾气回收是改良西门子法一个非常重要的环节，它是在设定的控制参数下，完成物料再循环、回收利用的完整体系，在尾气回收过程中，最重要的一个回收环节是 $SiCl_4$ 的回收再利用，$SiCl_4$ 的回收再利用的基本原理是通过 $SiCl_4$ 的氢化转化成 $SiHCl_3$，$SiCl_4$ 氢化方式分为冷氢化和热氢化两种方式，其中冷氢化得到了广泛的应用，冷氢化就是将四氯化硅（$SiCl_4$）、硅粉（$Si$）和氢气（$H_2$）在一定的温度、压力及摩尔配比下，使四氯化硅（$SiCl_4$）部分转化为三氯氢硅（$SiHCl_3$）的方法，具体反应如下：

$$3SiCl_4+Si+2H_2 == 4SiHCl_3$$

热氢化又称为直接氢化，即将四氯化硅（$SiCl_4$）和氢气（$H_2$）按一定配比，在一定压力、温度条件下，使四氯化硅（$SiCl_4$）部分转化为三氯氢硅（$SiHCl_3$），目前国外有比较成熟的工艺，具体反应如下：

$$SiCl_4+H_2 == SiHCl_3+HCl$$

### 8.3.2　晶硅电池扩散工序中的化学反应

晶硅电池扩散工艺是在 P 型晶体硅上进行 N 型扩散，形成晶硅电池的"心脏"——PN 结。扩散工艺中主要的化学材料是三氯氧磷（$POCl_3$），具体扩散原理是：

① $POCl_3$ 在高温下（＞600℃）分解成五氯化磷（$PCl_5$）和五氧化二磷（$P_2O_5$），具体反应如下：

$$5POCl_3 \xrightarrow{>600℃} 3PCl_5 + P_2O_5$$

② 在外来 $O_2$ 存在的情况下，$PCl_5$ 会进一步分解成 $P_2O_5$ 并放出氯气，具体反应如下：

$$4PCl_5 + 5O_2 \Longrightarrow 2P_2O_5 + 10Cl_2$$

③ 在有氧存在时，$POCl_3$ 热分解反应如下：

$$4POCl_3 + 3O_2 \Longrightarrow 2P_2O_5 + 6Cl_2$$

④ 生成的 $P_2O_5$ 在扩散温度下与硅反应，生成二氧化硅（$SiO_2$）和磷原子，具体反应如下：

$$2P_2O_5 + 5Si \Longrightarrow 5SiO_2 + 4P$$

### 8.3.3　晶硅电池 PECVD 工序中的化学反应

晶硅电池 PECVD 工艺的目的是降低光的反射率，主要工作原理是：反应气体（硅烷、氨气）与载气由反应室一段进入，在两电极中间发生化学反应，产生等离子体，生成的氮化硅薄膜沉积在被加热的衬底表面上，生成的副产物则随载气流出反应室，具体反应如下：

$$3SiH_4 + 4NH_3 \Longrightarrow Si_3N_4 + 12H_2$$

在使用化学试剂的过程中一定要熟悉化学试剂的级别，化学试剂级别分为一级品、二级品、三级品、四级品，各种级别进行了严格的区分，具体如表 8-1 所示。

表 8-1　化学试剂级别

| 级别 | 代号 | 标签颜色 | 用途 |
| --- | --- | --- | --- |
| 一级品 | GR | 绿色 | 精密分析和高级研究 |
| 二级品 | AR | 红色 | 定性、定量分析 |
| 三级品 | CR | 蓝色 | 一般定性、定量分析 |
| 四级品 | LR | 黄色 | 一般化合物制备和实验 |

使用化学药品时要注意操作的规范性，熟悉药品的危害。比如，苯、丙酮等有机溶剂的蒸气对人体有毒害作用；盐酸、硝酸、王水、氢氟酸、浓硫酸对人体有很强的腐蚀性；氢氟酸的烧伤很难痊愈，因此使用这些化学药品一定要非常小心，必须戴上橡皮手套和口罩。三氯氧磷也是一种毒性非常强的溶剂，在扩散环节一定要注意避免三氯氧磷原瓶泄漏。当皮肤上溅有盐酸、硝酸时，应当立即用大量自来水冲洗，再用 5% 的碳酸氢钠溶液冲洗。皮肤被氢氟酸烧伤时，除了立即用大量自来水冲洗，再用 5% 的碳酸氢钠溶液冲洗外，还要用二份甘油和一份氧化镁制成的糊状物敷上，严重情况下要送到医院治疗。

## 本章小结

本章主要介绍了光伏产业链环节中出现的各种化学反应，其中包括硅料提纯、硅棒（锭）制备、光伏电池制备中的酸反应、碱反应和其他化学反应，通过学习本章内容，可使读者对光伏产业链中出现的各种化学反应有一个整体性的了解，为以后光伏材料制备的课程打下良好的基础。

💡 知识拓展

危险化学品的安全知识

📝 学习笔记

👥 思考题

1. 硅料、硅棒（锭）、硅片加工、光伏电池制备过程中出现的哪些反应是酸反应？
2. 硅料、硅棒（锭）、硅片加工、光伏电池制备过程中出现的哪些反应是碱反应？
3. 光伏产业链中的酸反应主要用到哪些酸？
4. 如果在使用药品时不慎溅有氢氟酸应该怎么处理？

# 第 9 章
# 其他新型太阳电池的理论知识

 **知识目标**

① 熟悉 GaAs 晶体特点及 GaAs 太阳电池结构。
② 了解 CdTe 材料特性及 CdTe 电池结构。
③ 熟悉 CIGS 材料特性及其电池结构。
④ 了解有机太阳电池结构及特性。
⑤ 了解钙钛矿主要制备方法及钙钛矿太阳电池工作原理。

 **思政与职业素养目标**

① 培育学生探索未知、追求卓越的科学精神。
② 培养学生的民族责任感和自豪感。
③ 培养学生自主思考问题和解决问题能力。

## 9.1 GaAs 电池

GaAs 电池的发展是从 20 世纪 50 年代开始的，至今已有 60 多年的历史。1954 年世界上首次发现 GaAs 材料具有光伏效应。在 1956 年，某研究团队探讨了制造太阳电池的最佳材料的物性，他们指出 $E_g$ 在 $1.2 \sim 1.6 \mathrm{eV}$ 范围内的材料具有最高的转换效率。目前 GaAs 电池实验室的最高效率已经能够达到 $50\%$。GaAs 电池是一种Ⅲ-Ⅴ族化合物半导体太阳电池，与 Si 太阳电池相比，主要有转换效率高、可以制成超薄型电池、耐高温、抗辐射性能好、可制成效率更高的多结叠层太阳电池等特点，本节主要针对 GaAs 电池的基本性质、基本结构以及制备技术等方面进行阐述。

### 9.1.1 GaAs 的晶体结构

GaAs 是一种典型的Ⅲ-Ⅴ族化合物半导体材料，其原子结构是闪锌矿结构，由两个面心立方（fcc）的子晶格（格点上分别是砷和镓的两个子晶格）沿空间体对角线位移 1/4 套构而成。其原子结构示意图如图 9-1 所示。Ga 原子和 As 原子通过共价键结合，也有部分离子键。晶体的 [111] 方向形成极化轴，(111) 面是 Ga 面，($\overline{111}$) 面是 As 面。两个面的物理化学性质大不相同，(111) 面生长速度快，位错密度高，容易形成多晶；而 ($\overline{111}$) 面则相反。

砷化镓半导体材料是直接带隙结构，双能谷。晶体呈暗灰色，有金属光泽。GaAs 室温下不溶于盐酸，可与浓硝酸反应，易溶于王水。室温下，GaAs 在水蒸气和氧气中稳定。加热到 600℃开始氧化，加热到 800℃以上开始离解，其他物理性质如表 9-1 所示。

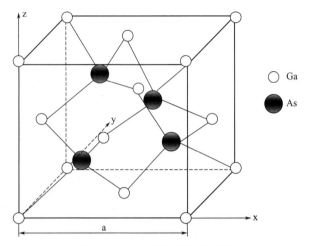

图 9-1  GaAs 晶体结构示意图

**表 9-1  室温下砷化镓材料的性质**

| 性质 | 相关参数 | 性质 | 相关参数 |
|---|---|---|---|
| 晶体结构 | 闪锌矿 | 热导率 | 0.55W/(cm·℃) |
| 晶硅常数 | 5.65Å[①] | 介电系数 | 12.85 |
| 密度 | 5.32g/cm³ | 禁带宽度 | 1.42eV |
| 原子密度 | $4.5 \times 10^{22}$ 个/cm³ | 击穿场强 | 3.3kV/cm |
| 分子式重量 | 144.64 | 饱和漂移速度 | $2.1 \times 10^7$ cm/s |
| 纵向弹性模量 | $7.55 \times 10^{11}$ dyn/cm² | 电子迁移率(非掺) | 8500cm²/(V·s) |
| 横向弹性模量 | $3.26 \times 10^{11}$ dyn/cm²[②] | 电子迁移率(掺硅 $1 \times 10^{18}$/cm³ 时) | 1500cm²/(V·s) |
| 热膨胀系数 | $5.8 \times 10^{-6}$ K⁻¹ | 空穴迁移率 | 400cm²/(V·s) |
| 热容量 | 0.327J/(g·K) | 熔点 | 1238℃ |

①1Å=0.1nm。②1dyn/cm²=0.1Pa。

## 9.1.2  GaAs 的能带结构

由量子理论知道，孤立原子周围的电子具有确定的能量值，当离散的原子聚集在一起形成晶体时，原子周围的电子将受到限制，不再是处于单个独立能级，而是处于一个能量允许的范围内，这一模型就是半导体物理学上所谓的能带理论模型。

图 9-2 给出了硅和砷化镓在 $k$ 空间的能带结构示意图，由图可看出，硅的导带最小值与

价带最大值位于不同 $k$ 空间，而砷化镓的导带最小值与价带最大值则位于 $k=0$ 处，这意味着在砷化镓中，电子发生跃迁时可直接从导带底到达价带顶。与硅相比，电子在从导带跃迁到价带过程中只需要能量的改变，而动量则不发生改变。这一性质使砷化镓在制造半导体激光器（LD）和发光二极管（LED）方面具有得天独厚的优势，当一个电子从高能量导带进入低能量价带时，多余能量便以光子的形式释放。另一方面，当砷化镓受到光照射时，价带中的电子便可从外界得到能量而振动加剧，当此能量足够大时，便可使电子跃迁到导带，这一性质可使砷化镓应用于光电探测领域。

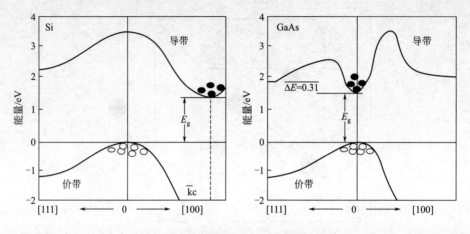

图 9-2　硅和砷化镓的能带结构图

## 9.1.3　GaAs 的迁移率与饱和漂移速度

砷化镓具有高迁移率、高饱和漂移速度。当半导体处于外场中时，在相继两次散射之间的自由时间内，载流子（比如电子）将被外场加速，从而获得沿一定方向的加速度。因此，在有外场存在时，载流子除了做无规则的热运动外，还存有沿一定方向的有规则的漂移运动，漂移运动的速度称为漂移速度（$v$），最大漂移速度称为饱和漂移速度。漂移速度与电场的关系如图 9-3 所示。砷化镓在弱电场状态（图 9-3 中虚线左边区域）下，电子迁移率约为 8500cm$^2$/（V·s），比 Si 要大得多。随着电场强度的增加，砷化镓的电子漂移速度达到一个峰值然后开始下降（图 9-3 中虚线右边区域）。在漂移速度-电场强度特性曲线上某个特定点处的斜率即为该点的微分迁移率。当曲线斜率为负时微分迁移率也为负，负微分迁移率产

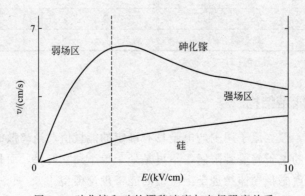

图 9-3　砷化镓和硅的漂移速度与电场强度关系

生负微分电阻，振荡器的设计就利用了这一特性。

## 9.1.4　GaAs 晶体的缺陷和位错

晶体缺陷总是时时刻刻在影响着砷化镓器件的性能。这些缺陷的形成主要由向材料中掺杂的方式和生长时的条件状态决定。本节主要讨论砷化镓晶体点缺陷、位错和层错等。

晶体硅中的点缺陷是空位和自由隙硅原子。但是在 GaAs 中，点缺陷更加复杂。因为 GaAs 由 Ga 和 As 两种原子组成，有两种形式的空位：一种是 Ga 点阵上的空位，称为 Ga 空位（$V_{Ga}$）；另一种是 As 点阵上的空位，称为 As 空位（$V_{As}$）。在 GaAs 晶体中，可能出现一种点缺陷，即 Ga 原子占据了 As 的空位（$Ga_{As}$），或 As 原子占据了 Ga 的空位（$As_{Ga}$），称为反结构缺陷。对于实际的 GaAs 晶体，$V_{Ga}$ 和 $V_{As}$ 是主要的点缺陷，另外反结构缺陷也是 GaAs 晶体结构中的重要的点缺陷。

一系列连续的点缺陷贯穿晶体某一区域，就形成了位错。当晶体晶格所受的应力超过了晶格发生弹性形变所需的最大弹力时，便可产生这种连续的缺陷。如果将晶体制作成一薄片，并经磨平和抛光，那么薄片上位错露头的地方在化学试剂腐蚀的作用下可表现出一些独特的腐蚀坑形貌。这些腐蚀坑形貌仅存在于位错附近一定距离内的位置处。半导体工业的 GaAs 晶片加工技术中，规定单位面积腐蚀坑数量为晶片的位错密度（Etch Pit Density，EPD）。位错的存在，相当于在半导体内部形成了一个散射通道，这将会加速半导体中载流子的散射。如果用能带理论去描述，就相当于在禁带中引入了一个捕获中心，这样会改变晶片刻蚀时的性能效果，直接导致的后果是改变了器件的电性能。

GaAs 中位错的产生主要来源于籽晶位错、晶体生长的热应力和晶体加工过程中的机械应力，努力减小位错密度是提高 GaAs 晶体质量的重要途径。

## 9.1.5　GaAs 晶体的杂质

在晶体生长过程中，会有意或无意地引入杂质。一般情况下，引入的杂质都是具有电活性的，但是有一些引进的污染会在晶体中形成空位，从而不具有电活性。规定掺入的杂质在半导体中要么是施主原子，要么是受主原子。施主原子比其替代的原子多一个或一个以上的电子，这些多出的电子在晶体中可以自由移动从而形成电流；相反，受主原子比其替代的原子少一个或一个以上的电子，因此，受主原子可以捕获晶体中的自由移动的电子。不管是在半导体中掺入哪一种类型的杂质，都会导致半导体材料电学性能的改变。

图 9-4 给出了纯净的砷化镓半导体中掺入了杂质后的能带示意图。浅施主杂质能级和浅受主杂质能级分别位于禁带中靠近导带和价带的 $3kT$（$k$ 为波尔兹曼常数，$T$ 为绝对温度）能量范围内。由于使杂质能级中的载流子跃迁到其对应的较高能级中所需能量非常小，所以在室温下，一般认为半导体中的杂质是完全电离的。当掺入施主杂质时，费米能级将会移动靠近导带，费米能级与导带底的能级差随着掺杂浓度的增加而减小；受主杂质在导带中的行为与施主杂质恰恰相反。砷化镓中掺杂的目的就是为了引入浅施主或浅受主杂质。如果引进杂质的能级位于禁带宽度中心区域，则称这种杂质为深能级杂质。一般情况下，深能级杂质由于减少载流子的寿命从而会影响器件性能。

不管是浅能级杂质还是深能级杂质，通过与砷原子或镓原子的复杂结合而存在于砷化镓晶体中。Si 就是目前得到最广泛研究的一种掺杂剂，它在低温下与砷化镓作用，可形成 P

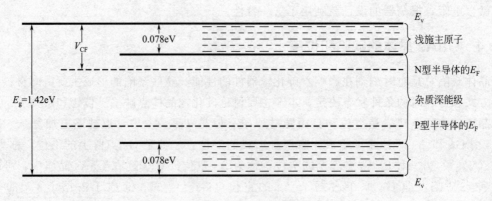

图 9-4　掺杂后的砷化镓能带示意图

型材料，在高温下与砷化镓作用，可形成 N 型材料。Cr 在砷化镓中是深受主原子，它的杂质能级接近禁带中心位置，利用这一特点，可以在浅 N 型砷化镓材料中通过掺铬进行补偿而得到半绝缘材料。其他元素如 Cu、O、Se、Te、Sn 等在砷化镓中的行为也得到了广泛的研究，这样，可根据器件设计的需求进行掺杂得到 N 型或 P 型砷化镓。

## 9.1.6　砷化镓太阳电池的结构和制备方法

提高太阳电池的转换效率和降低成本是太阳电池技术发展的主流，GaAs 太阳电池多数采用 LPE 液相外延法或 MOCVD 技术制备，两者的比较如表 9-2 所示。

表 9-2　MOCVD 与 LPE 两者的比较

| 技术 | LPE | MOCVD |
|---|---|---|
| 原理 | 物理过程 | 化学过程 |
| 一次外延容量 | 单片多层或多片单层 | 多片多层 |
| 外延参数控制能力 | 厚度载流子浓度不易控制，难以实现薄层和多层生长 | 能精确控制外延层厚度、浓度和组分，实现薄层、超薄层和多层生长，大面积均匀性好，相邻外延层界面陡峭 |
| 异质衬底外延 | 不能 | 能 |
| 可实现的太阳电池结构 | 外延层一般只有 1～3 层，电池结构不够完善 | 外延层可多达几十层，并可引入超晶格结构，电池结构更加完善，可制备多结叠层太阳电池 |
| 可达到的最高效率 | 单结 GaAs 电池 21% | GaAs 单结电池 21%、22%，GaInP/GaAs 双结电池 26.9%；GaInP/GaAs/Ge 三结太阳电池 29% |
| 太阳电池领域的应用 | 已逐步淘汰 | 占主导地位 |

GaAs 基太阳电池基本上可分为单结和多结叠层式两类，如图 9-5 所示。当前主要的 GaAs 基太阳电池的结构以三结为主，图 9-6 主要介绍三结 GaAs 基太阳电池的结构。三结砷化镓太阳电池，是由 GaInP 顶电池（Top）、GaInAs 中电池（Middle）和 Ge 底电池（Bottom）3 个子电池通过两个隧道结（Tunnel Junction，TJ）串联而成的，如图 9-6 所示。为了提高光电转换效率，太阳电池仅有 PN 结作光电转换层是不够的，经过长期的理论和实验研究，目前大多数化合物半导体太阳电池，都由缓冲层（Buffer）、背场层（BSF）、基区

（Base）、发射区（Emitter）、窗口层（Window）和接触层（Contact）等组成。这些层对提高太阳电池转换效率起着重要的作用。

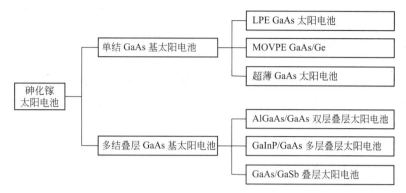

图 9-5　GaAs 基太阳电池

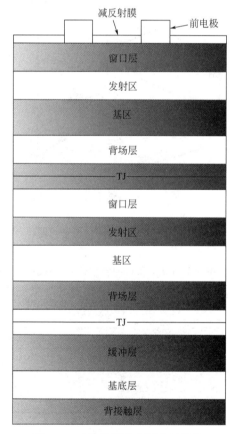

图 9-6　三结砷化镓太阳电池结构

由于晶格匹配的三结砷化镓太阳电池材料组分为 $Ga_{0.5}In_{0.5}P/Ga_{0.99}In_{0.01}As/Ge$，由此可见，电池材料受晶格匹配的严格限制，3 个子电池的材料组分固定，3 个子电池各自吸收不同的波段的太阳光谱，顶电池 GaInP 材料具有最大带隙，约 1.81eV，吸收小于 685nm 波段的光；中电池 GaInAs 材料带隙为 1.42eV，吸收 685～880nm 波段的光；底电池 Ge 带隙为 0.67eV，吸收 880～1850nm 的红外线。

## 9.2　CdTe 电池

### 9.2.1　CdTe 材料的基本性质

　　CdTe 是直接禁带化合物半导体材料，晶体为立方闪锌矿结构，如图 9-7 所示，其晶格常数为 6.481Å。CdTe 晶体主要以共价键结合，含有一定的离子键，具有很强的离子性，结合能大于 5eV，因此该晶体具有很好的化学稳定性和热稳定性。CdTe 禁带宽度约为 1.45eV，与太阳光谱非常匹配，并且具有很高的吸光系数，在可见光范围高达 $10^5\,cm^{-1}$，$2\mu m$ 的薄膜可吸收 95% 以上的太阳光，300K 时 CdTe 材料的物理性质见表 9-3。

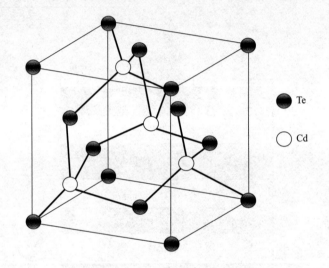

图 9-7　CdTe 的晶体结构示意图

**表 9-3　CdTe 材料的物理性质　（300K）**

| 物理参数 | 数值 | 物理参数 | 数值 |
| --- | --- | --- | --- |
| 密度/(g/cm$^3$) | 5.86 | 禁带宽度/eV | 1.45 |
| 晶格常数/Å | 6.481 | 电子迁移率/[cm$^2$/(V·s)] | 500~1000 |
| 热膨胀系数/($10^{-6}$K$^{-1}$) | 4.9 | 空穴迁移率/[cm$^2$/(V·s)] | 70~120 |
| 热导率/[W/(cm·K)] | 0.075 | 折射率(1.4$\mu m$) | 2.7 |
| 熔点/℃ | 1092 | 光学介电常数 | 10.26 |

　　CdTe 可以通过掺入不同的杂质来获得 N 型或 P 型半导体材料。当用 In 取代 Cd 的位置，便形成施主能级为 $(E_c-0.6)$ eV 的 N 型半导体材料。如果用 Cu、Ag、Au 取代 Cd 的位置，便形成了受主能级为 $(E_v+0.33)$ eV 的 P 型半导体材料。实际上，对于 CdTe 单晶体，$10^{17}\,cm^{-3}$ 的掺杂浓度是可以得到的，但是更高浓度的掺杂以及要精确控制掺杂浓度是非常困难的，特别是 P 型半导体材料，主要是因为 CdTe 具有自补偿效应。另外，Cd 和 Te 的蒸气压不同，化学计量比难以得到控制，而且杂质在 CdTe 中的溶解度非常低。还有，除掺杂杂质外，氧杂质和 Cu 等金属杂质也是 CdTe 中的重要杂质，会对薄膜材料的性能产生影响。

## 9.2.2　CdTe 太阳电池的结构和工作原理

CdTe 薄膜太阳电池是在玻璃或是其他柔性衬底上依次沉积多层薄膜而构成的光伏器件。一般标准的 CdTe 薄膜太阳电池由五层结构组成。CdTe 薄膜太阳电池的结构示意图如图 9-8 所示。

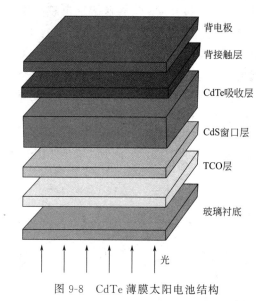

图 9-8　CdTe 薄膜太阳电池结构

下面简单介绍 CdTe 薄膜太阳电池中各层薄膜的功能和性质。

**（1）玻璃衬底**

玻璃衬底主要对电池起支架、防止污染和入射太阳光的作用。

**（2）TCO 层**

TCO 层即透明导电氧化层。它主要的作用是透光和导电。用于 CdTe/CdS 薄膜太阳能电池的 TCO 必须具备下列的特性：在波长 400～860nm 的可见光的透过率超过 85％；低的电阻率，大约 $2 \times 10^{-4} \Omega \cdot cm$ 数量级的或者方块电阻小于 $10\Omega/\square$；在后续高温沉积其他层时候的良好的热稳定性。

**（3）CdS 窗口层**

N 型半导体，与 P 型 CdTe 组成 PN 结。CdS 的吸收边大约是 521nm，可见几乎所有的可见光都可以透过。因此 CdS 薄膜常用于薄膜太阳电池中的窗口层。CdS 可以由多种方法制备，如化学水浴沉积（CBD）、近空间升华法和蒸发等。一般的工业化和实验室都采用 CBD 的方法，这是基于 CBD 的成本低和生成的 CdS 能够与 TCO 形成良好的致密接触。在电池制备过程中，一个非常重要的步骤就是对沉积以后的 CdTe 和 CdS 进行 $CdCl_2$ 热处理。这种方法一般是在 CdTe 和 CdS 上面喷涂或者旋涂一层 300～400nm 厚的 $CdCl_2$，然后在保护气体中 400℃ 左右进行热处理 15min 左右。这种处理能够显著的提高电池的短路电流和电池的效率。这与 $CdCl_2$ 热处理能够提高晶体的性能和形成良好 CdS/CdTe 界面有关。

**（4）CdTe 吸收层**

CdTe 是一种直接带隙的 Ⅱ-Ⅵ 族化合物半导体材料。电池中使用的是 P 型的 CdTe 半导体，它是电池的主体吸光层，它与 N 型的 CdS 窗口层形成的 PN 结是整个电池最核心的部分。多晶 CdTe 薄膜具有制备太阳电池的理想的禁带宽度（$E_g = 1.45\text{eV}$）和高的光吸收率（大约 $10^4\,\text{cm}^{-1}$）。CdTe 的光谱响应与太阳光谱几乎相同。

**(5) 背接触层和背电极**

为了降低 CdTe 和金属电极的接触势垒，引出电流，金属电极必须与 CdTe 形成欧姆接触。由于 CdTe 的高功函数使得很难找到功函数比其大的金属或者合金。一般用 Au、Ni 基的接触也能达到满意的结果。另外可以在 CdTe 薄膜表面沉积高掺杂半导体层，然后在半导体上面沉积金属电极层。一般的背接触层有 HgTe、ZnTe:Cu、Cu$_x$Te 和 Te 等。

电池的工作原理如图 9-9 所示，太阳光经过玻璃、TCO 和 CdS 层，被 CdTe 层吸收，使价带中的电子获得足够能量，跃迁到导带，同时在价带中产生空穴，形成了电子-空穴对，它们在内建电场作用下发生分离。电子反向漂移，经过 CdS 层运输到 TCO 前电极；空穴在 CdTe 层向背电极运输，形成光生电流。

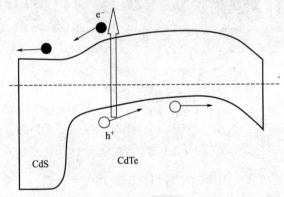

图 9-9  CdTe 太阳电池的工作原理

## 9.2.3  CdTe 太阳电池制备工艺

CdTe 太阳电池制备流程如图 9-10 所示。

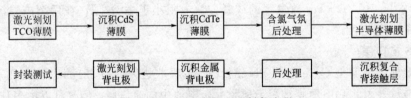

图 9-10  CdTe 太阳电池制备流程

**(1) CdTe 层制备**

CdTe 层的制备方法主要有物理气相沉积法、近空间升华法、气相传输沉积法、溅射法、电化学沉积法、金属-有机物化学气相沉积法、丝网印刷法和喷涂热分解法等 8 种方法，当前采用近空间升华法制备的电池效率最高，本节主要介绍近空间升华法的制作工艺。

近空间升华法装置如图 9-11 所示。CdTe 在高于 450℃ 时升华并分解，当它们沉积在较低温度的衬底上时，以大约 $1\mu\text{m}/\text{min}$ 的速度化合形成多晶薄膜。蒸发源被置于一个与衬底同面积的容器内，衬底与源材料要尽量靠近放置，使得两者之间的温度差尽量小，从而使薄膜的生长接近理想平衡状态。为了制取厚度均匀、化学组分均匀、晶粒尺寸均匀的薄膜，不希望镉离子和碲离子直接蒸发到衬底上。因此，反应室要用保护性气体维持一定的气压。保护气体的种类和气压、源的温度、衬底的温度等，是这种方法最关键的制备条件。保护气体以惰性气体为佳，也可以用氮气和空气。其中，氩气最好，被国外大多数研究组采用。

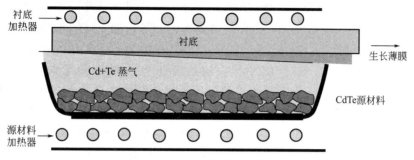

图 9-11　近空间升华法装置图

### （2）CdTe 层后处理

几乎所有沉积技术所得到的 CdTe 薄膜，都必须再经过 $CdCl_2$ 处理。$CdCl_2$ 处理能够进一步提高 CdTe/CdS 异质结太阳电池的转换效率，原因是：①能够在 CdTe 和 CdS 之间形成 $CdS_{1-x}Te_x$ 界面层，降低界面缺陷态浓度；②导致 CdTe 膜的再次结晶化和晶粒的长大，减少晶界缺陷；③热处理能够钝化缺陷、提高吸收层的载流子寿命。具体处理方式是将 CdTe 层浸渍在 $CdCl_2+CH_3OH$ 或 $CdCl_2+H_2O$ 中，干燥沉淀 $CdCl_2$ 层，再将之蒸发到 CdTe 上，温度一般为 $380\sim450℃$，时间为 $15\sim30min$，最后再用去离子水除去多余的 $CdCl_2$。经 $CdCl_2$ 处理后 CdTe 和 CdS 的平均晶粒尺寸都大约从 $0.1\mu m$ 增加到 $0.5\mu m$。

### （3）CdS 层制备

CdS 薄膜制备方法大致有 6 种：化学水浴沉积法、溅射法、真空蒸发法、丝网印刷法、金属-有机物化学气相沉积法和近空间升华法。相对而言，化学水浴沉积法（CBD）设备简单，无需真空条件，所需温度较低，成本低且薄膜质量高，应用最为广泛。溶液环境为 $CdSO_4$、$NH_4OH$、$N_2H_4CS$ 和 $H_2O$，所需温度为 $60\sim85℃$，沉积速度为 $3\sim5nm/min$。利用 Cd 配位合物和硫脲在碱性溶液中配位、分解，沉积在透明导电玻璃衬底上。CBD 形成的 CdS 薄膜附着性与均匀性较好，但其时间长、利用率低、污染大、不兼容等缺点不利于 CdS 薄膜大面积大批量生产。

### （4）背接触层的制备

背接触是影响 CdTe 太阳电池效率的重要因素之一。由于 CdTe 是低掺杂浓度的半导体，功函数高，难与金属相匹配，形成的肖特基势垒较大，严重阻碍载流子传输，影响效率。一般用 $H_3PO_4$ 和 $HNO_3$ 混合溶液腐蚀 CdTe 表面，形成较薄的富 Te 层，使得载流子隧穿，让掺杂原子进入 CdTe 内占据 Cd 空位，达到 P 型重掺杂，形成良好的欧姆接触。

## 9.3　CIGS 电池

### 9.3.1　CIGS 材料的基本性质

CIGS 薄膜太阳电池经济高效，是第三代太阳电池的首选，它具有的优良性能与 CIGS

材料的结构密不可分。由于 CIGS 是在 CIS（CuInSe$_2$）的基础上发展起来的，因此首先对 CIS 的结构进行分析。CIS 属于Ⅰ-Ⅲ-Ⅵ族化合物，在室温下具有黄铜矿结构，属四方晶系，如图 9-12 所示，晶格常数为 $a=0.5789nm$，$c=1.1612nm$，$c/a$ 为 2.01。黄铜矿结构是由Ⅱ-Ⅵ族化合物（如 ZnS）的闪锌矿结构衍生而来的，其中Ⅱ族元素（Zn）被Ⅰ族（Cu）和Ⅲ族（In）取代而形成三元化合物，并在 $c$ 轴方向上有序排列，使 $c$ 轴单位长度大约为闪锌矿结构的 2 倍。根据 Cu$_2$Se$_2$-In$_2$Se$_3$ 相图可知，CuInSe$_2$ 具有较大的化学组成区间，大约可以容许 5%（摩尔分数）的变异，这就意味着薄膜成分即使偏离化学计量比（Cu∶In∶Se＝1∶1∶2），该薄膜材料依然保持黄铜矿结构并且具有相同的物理和化学性质；并且，通过调节薄膜的化学计量比就可以得到 P 型（富 Cu）或者是 N 型（富 In）的半导体材料，这是在不必借助外加掺杂的情况下办到的；还有 CIS 中点缺陷 V$_{Cu}$、In$_{Cu}$ 可构成电中性复合缺陷对（V$_{Cu}^-$、In$_{Cu}^{2+}$），这种缺陷的形成能低，可以大量稳定存在，使 Cu 迁移效应成为动态可逆过程，这种 Cu 迁移和点缺陷反应的动态协同作用，导致受辐射损伤的 CIS 电池具有自愈合能力。由于具有上述的结构特性，CuInSe$_2$ 具有优良的抗干扰能力、抗辐射能力、没有光致衰退效应、使用寿命长等优点。

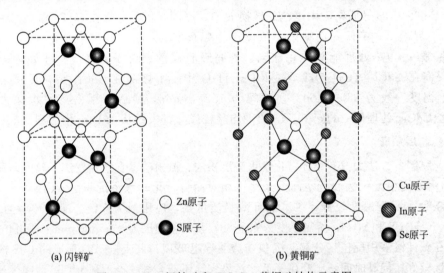

图 9-12　ZnS 闪锌矿和 CuInSe$_2$ 黄铜矿结构示意图

　　Cu(In，Ga)Se$_2$ 是在 CuInSe$_2$ 的基础上掺杂 Ga，部分取代同一族的 In 原子而形成的。通过调整 Ga/(In+Ga) 的原子分数比可使点阵常数 $c/a$ 在 2.01（CIS）和 1.96（CGS）之间变化，还可以改变 CIGS 的禁带宽度，使其值在 1.04eV（CIS）和 1.67eV（CGS）之间变化。这也是 CIGS 电池一个非常大的优势所在，能够实现太阳光谱和禁带宽度的优化匹配。通过掺杂 Ga 可提高禁带宽度、增加开路电压（$V_{oc}$）、提高薄膜的黏附力，但同时也会降低短路电流（$J_{sc}$）和填充因子（$FF$），因此 Ga 的掺杂量需要优化。Ga 对 CuInSe$_2$ 薄膜禁带宽度 $E_g$（eV）的影响满足下式：

$$E_g=1.02+0.67x+bx(x-1)$$

　　式中，$x$ 为 Ga/(In+Ga) 的原子分数比；$b$ 为光学弓形系数，在 0.11～0.24 之间。目前取得的高效率电池的 $x$ 值都在 0.2～0.3 之间，G. Hanna 等认为当 $x$ 为 0.28 时电池的缺陷最少，做成的太阳电池性能也最好，当 $x$ 在 0.3～0.4 之间时电池的性能反而会下降。

## 9.3.2　CIGS 太阳电池的结构和工作原理

CIGS 薄膜太阳电池具有层状结构，其结构如图 9-13 所示。衬底一般采用玻璃，也可以采用柔性薄膜衬底。一般采用真空溅射、蒸发或者其他非真空的方法，分别沉积多层薄膜，形成 PN 结而构成光电转换器件。从光入射层开始，各层分别为金属栅状电极、减反射膜、窗口层、过渡层、光吸收层、金属背电极、玻璃衬底。

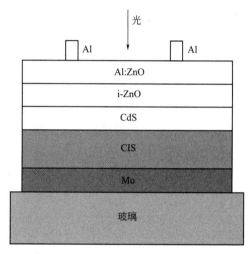

图 9-13　CIGS 太阳电池结构

**（1）衬底**

衬底一般采用碱性钠钙玻璃碱石灰玻璃，主要是这种玻璃含有金属钠离子。通过扩散可以进入电池的吸收层，这有助于薄膜晶粒的生长。

**（2）Mo 层**

Mo 作为电池的底电极要求具有比较好的结晶度和低的表面电阻，制备过程中要考虑的另外一个主要方面是电池的层间附着力，一般要求层具有鱼鳞状结构，以增加上下层之间的接触面积。

**（3）CIS/CIGS 层**

CIS/CIGS 层作为光吸收层是电池的最关键部分，要求制备出的半导体薄膜是 P 型的，且具有很好的黄铜矿结构，晶粒大、缺陷少是制备高效率电池的关键。

**（4）缓冲层**

CdS 作为缓冲层不但能降低 i-ZnO 与 P-CIS 之间带隙的不连续性，而且可以解决和晶格不匹配问题，i-ZnO 和 CdS 层作为电池的 N 型层，同 P 型 CIGS 半导体薄膜构成 PN 结。

**（5）上电极**

n-ZnO 作为电池的上电极，要求具有低的表面电阻，好的可见光透过率，与 Al 电极构成欧姆接触防反射层，可以降低光在接收面的反射，提高电池的效率。

**（6）防反射层**

防反射层 $MgF_2$ 可以降低光在接收面的反射，提高电池的效率。

### 9.3.3　CIGS 太阳电池制备工艺

CIGS 薄膜太阳电池组件的具体工艺流程如图 9-14 所示。

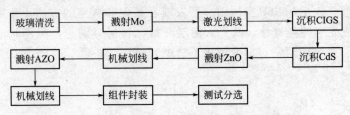

图 9-14　CIGS 太阳电池组件制备工艺流程

CIGS 薄膜太阳电池的底电极和上电极一般采用磁控溅射的方法，工艺路线比较成熟。最关键的吸收层的制备有许多不同的方法，这些沉积制备方法包括蒸发法、溅射后硒化法、电化学沉积法、喷涂热解法和丝网印刷法等。现在研究最广泛、制备出电池效率比较高的是蒸发法和溅射后硒化法，被产业界广泛采用。

## 9.4　有机太阳电池

有机太阳电池是以有机半导体材料作为光电转换材料，直接或者间接将光能转换成电能的器件。有机太阳电池以具有光敏性质的有机包括高分子材料作为半导体材料，通过光伏效应产生电压，进而形成电流，实现太阳能发电。其作为解决环境污染、能源危机问题的有效途径之一，某些性能远远优于传统太阳电池，如成本低、柔性高、工艺简单、对环境友好等。有机半导体材料分为有机高分子材料和有机小分子材料。

### 9.4.1　有机高分子太阳电池

有机高分子太阳电池的基本原理是利用光入射到半导体的异质结或金属半导体界面附近产生的光生伏打效应。光生伏打效应是光激发产生的电子-空穴对被各种因素引起的静电势能分离产生电动势的现象。当光子入射到光敏材料时，光敏材料被激发产生电子-空穴对，在太阳电池内建电场的作用下分离和传输，然后被各自的电极收集。在电荷传输的过程中，电子向阴极移动，空穴向阳极移动，如果将器件的外部用导线连接起来，这样在器件的内部和外部就形成了电流。

一般认为有机/聚合物太阳电池的光电转换过程，包括光的吸收与激子的形成、激子的扩散和电荷分离、电荷的传输和收集。对应的过程和损失机制如图 9-15 所示。

有机高分子太阳电池按照结构分为单层结构、双层异质结结构和本体异质结结构。

有机太阳电池器件单层结构的主要特点就是在两个电极之间夹着一层有机材料。其结构如图 9-16（a）所示。电池的正极是 ITO 玻璃，因为 ITO 的透光性好，在可见光范围内没有吸收，同时又具有接近金属的导电能力。电池的负极一般是低功函数金属 Al、Ca、Mg。

光敏活性层夹在两个电极之间形成了 ITO/光活性层/金属电极的"三明治"夹心结构。

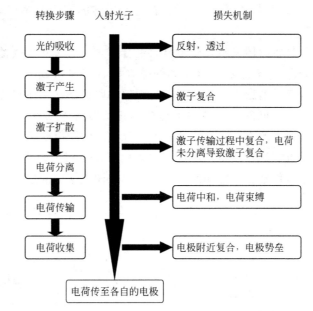

图 9-15    聚合物太阳电池光电转换过程和入射光子损失机制

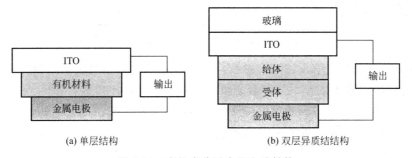

(a) 单层结构                    (b) 双层异质结结构

图 9-16    有机多分子太阳电池结构

这种结构的电池也常常称为"肖特基型有机太阳电池"。对于单层结构电池来说，有机半导体内的电子在光照下从 HOMO 能级跃迁到 LUMO 能级，产生一对电子和空穴，电子被低功函数的电极提取，空穴则被来自高功函数电极的电子填充，因而形成了光电流。理论上，有机半导体膜与两个不同功函数的电极接触时，会形成不同的肖特基势垒，这是光致电荷能定向传递的基础。对于肖特基型电池来说，激子的分离效率是一个很大的问题。光激发形成的激子，只有在肖特基结的扩散层内，依靠节区的电场作用才能得到分离。其他位置上形成的激子，必须先移动到扩散层内才可能形成对光电流的贡献。但是有机染料内激子的迁移距离相当有限，通常小于 10 nm，所以大多数激子在分离成电子和空穴之前就复合了。因此，这种单层器件结构限制了电池性能的提高。

为了提高有机太阳电池材料的激子分离效率，制备了一种双层异质结型有机太阳电池，如图 9-16(b) 所示。在这个体系中，电子给体为 P 型，电子受体则为 N 型，作为给体的材料吸收光子之后产生空穴-电子对，电子注入到作为受体的有机半导体材料后，产生空穴和电子的分离，被分离的空穴和电子分别传输到两个电极上，形成光电流。与单层电池结构相比，双层异质结电池的特点在于 D+A 结构的引入，不但提高了电荷分离的概率，而且也增宽了器件吸收太阳光谱的带宽。但是，单纯的双层异质结结构由于接触面积有限，使得产生的光生载流子有限，为了获得更多的光生载流子，必须扩大电池的接触面积。

　　本体异质结结构就是将给体材料和受体材料混合起来，通过共蒸或者旋涂的方法制成一种混合薄膜。其结构如图 9-17 所示，给体和受体在混合膜里形成一个个单一组成的区域，在这个区域内任何位置产生的激子，都可以通过很短的路径到达给体与受体的界面，从而电荷分离的效率得到了提高。同时，在界面上形成的正负载流子亦可通过较短的途径到达电极，从而弥补载流子迁移率的不足。但是这种本体异质结太阳电池结构也有它的缺陷，给体虽然很容易与电池的正极接触，但是它与负极接触的概率也很大，当给体相与负极接触时，给体就不能把空穴传输给负极。尽管如此，目前有机太阳电池中的最高效率纪录仍由本体异质结型电池保持。

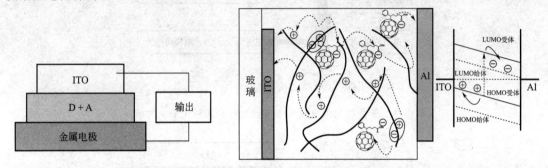

图 9-17　本体异质结太阳电池器件结构

　　2016 年，南开大学化学学院陈永胜教授团队，在有机太阳电池领域研究中取得了突破性进展。他们利用寡聚物材料的互补吸光策略，构建了一种具有宽光谱吸收特性的叠层有机太阳电池器件，实现了 12.7% 的光电转化效率，这是目前文献报道的有机/高分子太阳电池光电转化效率的最高纪录，如图 9-18 所示。

### 9.4.2　染料敏化太阳电池

　　染料敏化太阳电池（简称 DSSC）由镀有透明导电膜的导电基片、多孔纳米晶半导体薄膜、染料光敏化剂电解质溶液及透明对电极等几部分构成，如图 9-19 所示。DSSC 工作原理如图 9-20 所示。两图中，$E_{cb}$ 为半导体的导带边；$E_{vb}$ 半导体的价带边；$S^*$、$S^0$ 和 $S^+$ 分别为染料的激发态、基态和氧化态；Red 和 Ox 为电解质中的氧化还原电对；$D^+$、$D^*$ 分别是染料的基态和激发态；$I^-/I_3^-$ 为氧化还原电解质。

　　① 当能量低于半导体的禁带宽度，且大于染料分子特征吸收波长的入射光（$h\nu$）照射到电极上时，吸附在电极表面的基态染料分子（D）中的电子受激跃迁至激发态。

$$D + h\nu \rightarrow D^* （染料激发） \tag{9-1}$$

　　② 激发态染料分子（$D^*$）将电子注入到半导体导带中，此时染料分子自身转变氧化态。

$$D^* \rightarrow D^+ + e^- \rightarrow E_{cb} \tag{9-2}$$

　　③ 处于氧化态的染料分子（$D^+$）则通过电解质（$I^-/I_3^-$）溶液中的电子给体（$I^-$），自身恢复为还原态，使染料分子得到再生。

$$3I^- + 2D^+ \rightarrow 2D + I_3^- （染料还原） \tag{9-3}$$

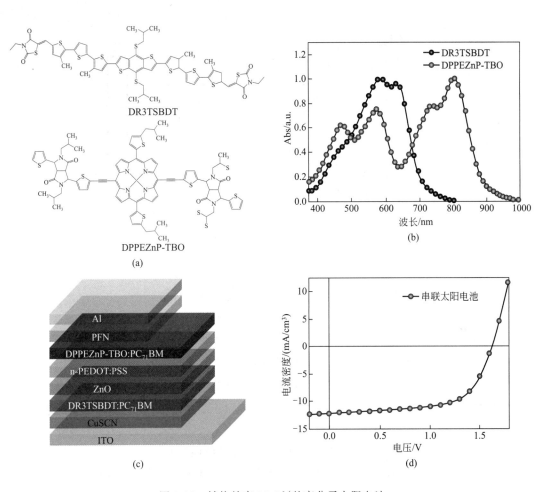

图 9-18　转换效率 12.7% 的高分子太阳电池

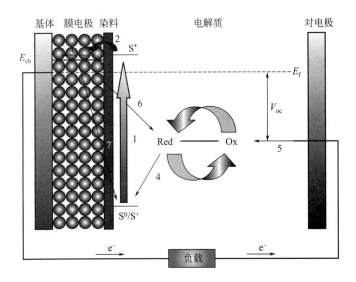

图 9-19　染料敏化太阳电池结构

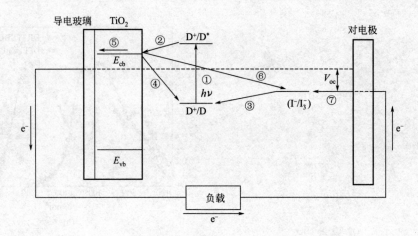

图 9-20　染料敏化纳米晶 $TiO_2$ 太阳电池的工作原理

④ 注入到半导体导带中的电子与氧化态的染料发生复合反应：

$$D^+ + e^- \longrightarrow D(电子复合) \tag{9-4}$$

⑤ 注入到半导体导带的电子被收集到导电基片，并通过外电路流向对电极，形成电流。

⑥ 注入到半导体导带中的电子与电解液中的 $I_3^-$ 发生复合反应：

$$I_3^- + 2e^- \longrightarrow 3I^-(暗电流) \tag{9-5}$$

⑦ 电解质溶液中的电子供体 $I^-$ 提供电子后成为 $I_3^-$，扩散到对电极，在电极表面得到电子被还原：

$$I_3^- + 2e^- \longrightarrow 3I^-(电解质被还原) \tag{9-6}$$

其中，反应（9-1）～反应（9-4）的反应速率越小，电子复合的机会越小，电子注入的效率就越高；反应（9-1）～反应（9-6）是造成电流损失的主要原因。因此，抑制第①～⑥步——导带电子与 $I_3^-$ 离子的复合和第①～④步——导带电子与氧化态染料的复合是研究电解质溶液的核心内容之一。

### 9.4.3　钙钛矿太阳电池

钙钛矿太阳电池是一种固态染料敏化太阳电池。钙钛矿太阳电池 2009 年面世时能量转换率仅 3.8％，由于钙钛矿材料拥有优越的光伏效能，钙钛矿太阳电池已成为热门的研究专题，并被视为发展高效能太阳电池最具潜力的新兴材料。香港理工大学徐星全教授领导的科研团队研发出的钙钛矿/单晶硅叠层太阳电池，其能量转换效率高达 25.5％。

如图 9-21（a）所示的介孔结构的钙钛矿太阳电池，由 FTO 导电玻璃、$TiO_2$ 致密层、$TiO_2$ 介孔层、钙钛矿层、HTM 层、金属电极组成。在此基础上，Snaith 等把多孔支架层 N 型半导体 $TiO_2$ 换成绝缘材料 $Al_2O_3$，形成如图 9-21（b）所示的一种介观超结构的异质结型太阳电池，更进一步地去掉绝缘的支架层，如图 9-21（c）所示，制备出具有类似于 PIN 结构平面型异质结电池。

钙钛矿太阳电池的工作原理如图 9-22 所示，在光照下，能量大于光吸收层禁带宽度的光子将被光吸收层中材料吸收，同时使该层中价带电子激发到导带中，并在价带中留下空穴；由于光吸收层导带能级高于电子传输层的导带能级时，光吸收层中导带电子会注入到电子传输层的导带中；电子进一步运输至阳极和外电路，而光吸收层的价带能级低于空穴传输层的价带能级时，光吸收层中的空穴注入到空穴传输层；空穴运输到阴极和外电路构成完整的回路，其中，致密层的主要作用是收集来自钙钛矿吸收层注入的电子，从而导致钙钛矿吸收层电子-空穴对的电荷分离。此外，致密层还起到阻挡作用，防止钙钛矿与 FTO 的接触从而造成电子与 FTO 的复合。

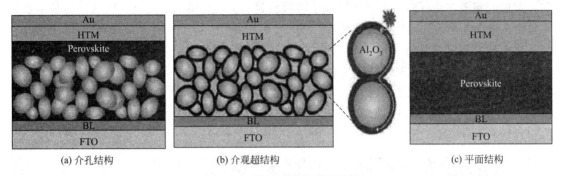

(a) 介孔结构　　　　　　　(b) 介观超结构　　　　　　　(c) 平面结构

图 9-21　钙钛矿太阳电池结构

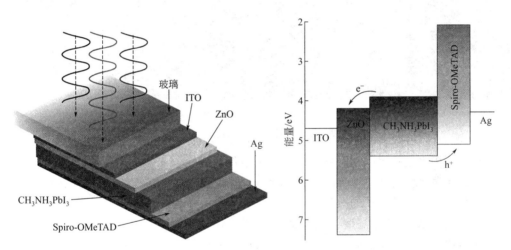

图 9-22　钙钛矿太阳电池结构示意图

高效率钙钛矿太阳电池的获得关键，在于如何制备出致密的、高质量的钙钛矿吸收层材料。目前最常见的钙钛矿吸收材料是 $CH_3NH_3PbI_3$，从分子尺度上来分析，$PbI_2$ 和 $CH_3NH_3I$ 通过自组装迅速反应生成 $CH_3NH_3PbI_3$ 吸收层，所以无论反应原料处于固态、液态还是气态，只要保证这两种反应原料能够充分地混合，就可以自组装成钙钛矿吸收材料。但是固相反应法制备出的大颗粒钙钛矿晶体吸收材料不适用于厚度不到 $1\mu m$ 的吸收层的薄膜太阳电池。高质量的钙钛矿吸收材料可以采用多种方法进行制备，最具有代表性的四种制备方法为：一步溶液法、两步溶液法、双源气相蒸发法、气相辅助溶液法。

一步溶液法是最早也是最简单用于薄膜电池钙钛矿吸收材料的制备方法。反应原料卤甲胺（MAX）和卤化铅（$PbX_2$）按照等化学计量比或一定比例溶于高沸点极性溶剂中，最常用的为二甲基酰胺（DMF）、$\gamma$-丁内酯（GBL）、二甲基亚砜（DMSO）等，经过长时间加热搅拌后形成澄清的 $MAPbX_3$ 溶液，在介孔电子传输层上旋涂制备出均匀平整的钙钛矿吸收层，残留溶剂可以利用加热或真空辅助去除。

两步溶液法是将 PbX$_2$ 的沉积和钙钛矿的自组装形成分为了两步。首先，采用旋涂法在电子传输层基底上获得一层 PbX$_2$ 薄膜，然后再经过一定浓度的 MAX 溶液浸泡处理，利用溶液中离子扩散渗透再组装的过程来形成钙钛矿吸收材料。

双源气相蒸发法是 Snaith 等在 2013 年首次应用于制备钙钛矿吸收层的一种方法。通过控制反应原料 MAX 和 PbX$_2$ 的蒸发速度来控制钙钛矿吸收材料的组成，并形成了一种新型的平面异质结钙钛矿太阳电池。这种方法制备出的钙钛矿薄膜虽然比溶液法制备出的更加均匀，薄膜的覆盖率也比较高，避免了电子传输材料和空穴传输材料的直接接触，但是需要较为复杂的 MAX 和 PbX$_2$ 共蒸发装置。

气相辅助溶液法是杨阳等首次采用的一种制备钙钛矿吸收材料的新方法。该方法为在旋涂 PbX$_2$ 薄膜以后，将其置于 MAX 蒸气中，缓慢地生成钙钛矿吸收层。制备出的钙钛矿吸收材料表面均匀、薄膜覆盖率比较高。与溶液法相比较，制备出的钙钛矿晶粒尺寸变大、薄膜粗糙度降低，改善了双源气相蒸发过程中蒸发速度过快的问题，降低了对实验设备的要求。

钙钛矿薄膜 SEM 图对比如图 9-23 所示。

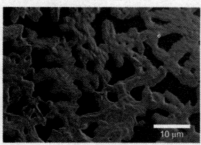

    (a) 气相蒸发法            (b) 溶液法           (c) 气相辅助溶液沉积法

图 9-23    钙钛矿薄膜 SEM 图对比

与现有太阳电池技术相比，钙钛矿材料及器件具有以下几方面的优点：

① 综合性能优良的新型材料    这种新型的无机/有机复合钙钛矿材料，能同时高效完成入射光的吸收及光生载流子的激发、输运、分离等多个过程。

② 消光系数高且带隙宽度合适    能带宽度较佳，约为 1.5eV；具有极高的消光系数，光吸收能力比其他有机染料高 10 倍以上，400nm 厚的薄膜即可吸收紫外—近红外光谱范围内的所有光子；而在光电性质方面，甲胺卤化铅钙钛矿材料表现出了优异的性能，它的光吸收能力比染料高 10 倍以上，结构具有稳定性，并且通过替位掺杂等手段，可以调节材料带隙，实现类量子点的功能，是开发高效低成本太阳电池的理想材料。

③ 优良的双极性载流子输运性质    此类钙钛矿材料能高效传输电子和空穴，其电子/空穴输运长度大于 1m；载流子寿命远远长于其他太阳电池。

④ 开路电压较高    钙钛矿太阳电池目前的开路电压已达 1.3V，接近于 GaAs 电池，远高于其他电池，说明在全日光照射下的能量损耗很低，转换效率还有大幅提高的空间。钙钛矿电池的最大优势是它在全光照下能产生很高的开路电压。太阳电池产生的最大电压——开路电压 $V_{oc}$，反映了材料吸收光谱产生的最大能量，这个能量与材料能吸收的最长波长光谱所对应能量的差值，可以作为估算电池光电转换的基本能量损失的参考值。

⑤ 结构简单    这种电池由透明电极、电子传输层、钙钛矿吸光层、空穴传输层、金属电极五部分构成，可做成 PIN 型平面结构，有利于规模生产。

⑥ 低成本温和条件制备    电池核心材料——复合钙钛矿材料可通过温和条件制备，如

涂布法、气相沉积法以及混合工艺等，工艺简单、制造成本低、能耗低、对环境友好。

　　⑦ 可制备高效柔性器件　可以采用辊-辊大面积制造工艺，将电池制在塑料、织物等柔性基底上，作为可穿戴、移动式柔性电源。

## 本章小结

　　本章节主要讲述了除了硅基太阳电池外的其他几种新型太阳电池，主要包括 GaAs 电池、CdTe 电池、CIGS 电池、有机高分子太阳电池、染料敏化太阳电池、钙钛矿太阳电池。通过对这些电池的基本结构、工作原理、制备方法的阐述，使读者对当前新型太阳电池的研究状况以及产业化进程，有一个比较全面的了解，为今后从事新型太阳电池研发和生产的人员提供了基础理论知识的储备。

## 知识拓展

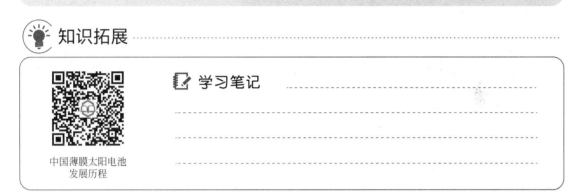

中国薄膜太阳电池
发展历程

　📝 学习笔记

## 思考题

1. GaAs 材料的位错和缺陷会对电池产生哪些影响？
2. CdTe 电池的结构分为哪几个部分？各个部分的作用是什么？
3. 在制备 CdTe 电池的过程中为什么要进行 $CdCl_2$ 处理？
4. CIGS 电池的结构分为哪几个部分？各个部分的作用是什么？
5. 为什么有机高分子太阳电池中本体异质结结构效率更高？
6. 染料敏化太阳电池的工作原理是什么？
7. 钙钛矿太阳电池与一般的染料敏化太阳电池有哪些区别和联系？

# 参 考 文 献

[1]  刘恩科等.半导体物理学［M］.北京：电子工业出版社，2008.

[2]  中鸠坚志郎.半导体工程学［M］.熊缨译.北京：科学出版社，2001.

[3]  浙江大学普通化学教研组.普通化学［M］.北京：高等教育出版社，2002.

[4]  古练权，汪波，黄志纾，等.有机化学［M］.北京：高等教育出版社，2008.

[5]  石德珂.材料科学基础［M］.第2版.北京：机械工业出版社，2003.

[6]  顾宜.材料科学与工程基础［M］.北京：化学工业出版社，2002.

[7]  杜丕一，潘颐.材料科学基础［M］.北京：中国建材工业出版社，2002

[8]  张联盟，黄学辉，宋晓岚.材料科学基础［M］.武汉：武汉理工大学出版社，2004.

[9]  胡志强.无机材料科学基础教程［M］.北京：化学工业出版社.2004.

[10]  尹建华.半导体过材料基础［M］.北京：化学工业出版社，2009.

[11]  基泰尔.固体物理导论［M］.北京：化学工业出版社，2005.

[12]  叶良修.半导体物理学（上册）［M］.北京：高等教育出版社，2007.

[13]  尼曼.半导体物理与器件［M］.第3版.赵毅强等译.北京：电子工业出版社，2005.

[14]  施敏.半导体器件物理与工艺［M］.苏州：苏州大学出版社，2002.

[15]  孟庆巨，刘海波，孟庆辉.半导体器件物理［M］.北京：科学出版社，2009.

[16]  格林.太阳能电池原理技术与应用［M］.上海：上海交通大学出版社，2010.

[17]  杨德仁.太阳电池材料［M］.北京：化学工业出版社，2007.

[18]  Jenny Nelson. The physics of solar cells. Imperial College Press，2003.

[19]  Peter Wurfel. Physics of Solar Cells：From Principles to New Concepts. Wiley-VCH，2005.

[20]  S. J. Fonash. Physics of solar cell devices. 2 edition，Academic Press，2010.

[21]  Antonio Luque，Steven Hegedus. Handbook of Photovoltaic Science and Engineering. Wiley，2003.

[22]  于敏.染料敏化太阳能电池研究进展［J］.山东化工，2016，45（9）：45-47.

[23]  叶飞.CIGS薄膜太阳能电池研究进展［J］.东方电气评论，2011，25（98）：61-66.

[24]  侯泽荣.碲化镉太阳能电池相关材料的制备与表征［D］.北京：中国科学技术大学，2010.

[25]  冯晓东.碲化镉太阳能电池的研究进展［J］.南京工业大学学报，2016，38（1）：123-127.

[26]  王建利.砷化镓材料［J］.科技创新导报，2010，32（163）：75-77.

[27]  张存彪.光伏电池制备工艺［M］.北京：化学工业出版社，2012.

[28]  邓丰.多晶硅生产技术［M］.北京：化学工业出版社，2009.

[29]  黄有志.直拉单晶硅工艺技术［M］.北京：化学工业出版社，2009.